ANALYSE CHIMIQUE

DES MATIÈRES AGRICOLES,

DES BOISSONS FERMENTÉES,

DES VINAIGRES & DES URINES

PAR

Albert TRUBERT

Professeur de Sciences physiques et naturelles

Agrégé de l'Université

Professeur au lycée de Gap (Htes Alpes)

Tous droits réservés

GAP

Imprimerie et Librairie A. FILLON et Cie, rue Carnot.

1895

ANALYSE CHIMIQUE

DES MATIÈRES AGRICOLES,
DES BOISSONS FERMENTÉES,
DES VINAIGRES & DES URINES

PAR

Albert TRUBERT

Professeur de Sciences physiques et naturelles

Agrégé de l'Université

Le dépôt de cet ouvrage a été fait au ministère de l'intérieur
en juillet 1895

GAP
Imprimerie et Librairie A. FILLON et Cⁱᵉ, rue Carnot.
1895

AVERTISSEMENT

En publiant ce travail, mon but a été de présenter aux chimistes et aux praticiens un appareil d'analyse accompagné d'instructions qui en rendent l'emploi aussi facile que sûr ; les méthodes exposées dans ces instructions ont été rigoureusement contrôlées par de nombreuses expériences.

L'appareil, tel qu'il est composé, permet de faire les analyses suivantes :

1° Analyse physique des terrains ;

2° Analyse des calcaires, marnes, dépôts calcaires et magnésiens, etc. ;

3° Analyse chimique des eaux naturelles et gazeuses ;

4° Analyse des engrais, recherche de leurs falsifications ;

5° Analyse des potasses et des soudes commerciales ;

6° Analyse des moûts, vins, cidres, bières et vinaigres, recherche de leurs falsifications ;

7° Analyse du lait, recherche de ses principales falsifications ;

8° Analyse des urines.

L'appareil a été construit pour venir en aide aux producteurs et aux consommateurs et en général aux personnes dépourvues d'une instruction scientifique première ; à cet effet, les instructions, rédigées dans un langage aussi simple que possible, ont été complétées de notes et de tableaux permettant d'éviter de longs calculs et d'interpréter facilement les résultats.

Je recommande mon travail à la bienveillance du lecteur et je souhaite qu'il atteigne le but que je me suis toujours proposé, celui d'être utile.

A. TRUBERT.

ANALYSE CHIMIQUE

des Matières Agricoles, des Boissons Fermentées
des Vinaigres & des Urines

————o————

I

Analyse physique des terres

Les terres arables sont constituées essentiellement par le mélange de 4 éléments : 1° *le sable* qui est produit par la pulvérisation des roches siliceuses ou calcaires (sable siliceux ou calcaire) ; 2° *l'argile* qui provient de la décomposition des roches alumineuses et qui est colorée plus ou moins par de l'oxyde de fer ; 3° *le calcaire* associé souvent au carbonate de magnésie ; 4° *l'humus* qui est produit par une transformation lente des matières organiques. La proportion relative de ces éléments influe sur les propriétés physiques des terres.

I. Prélèvement des échantillons. — Terre arable ou terre retournée par les instruments de labour. 2 cas à considérer : 1° le sol est homogène ; 2° le sol n'est pas homogène.

1er *Cas. Sol homogène.* — L'aspect des récoltes, la végétation, l'examen de la terre permettent de reconnaître si le sol est homogène. Lorsque cette constatation est faite, on enlève à la pelle les détritus qui peuvent se trouver accidentellement à la surface du sol. On fait ensuite une tranchée à la bêche, la profondeur de la tranchée doit dépasser celle de la couche arable, c'est-à-dire la profondeur des labours en usage (l'aspect de cette couche diffère de celle du sous-sol) ; on note la hauteur de cette couche (elle varie habituellement entre 0m20 et 0m30). On enlève ensuite à la bêche, sur l'une des faces de la tranchée, une tranche de terre qu'on coupe à sa base par un coup de bêche horizontal à la limite de la terre végétale. On répète cette prise sur plusieurs points ; on mélange bien tous les échantillons avec la bêche en mettant de côté les pierres qui dépassent le volume d'une noix. Ces pierres sont examinées ; on reconnaît qu'elles sont calcaires en les touchant avec une baguette trempée dans un acide (vinaigre ou acide chlorhydrique) ; il y a effervescence si les pierres sont calcaires. Enfin, l'on prélève sur la masse de terre mélangée un échantillon moyen de 1 à 2 kilos environ ; s'il est trop humide, on le met sur une toile et on l'abandonne à l'air pendant quelques jours dans un lieu couvert ; on procède ensuite à l'analyse physique de cet échantillon.

Sous sol. — Dans certains cas, il est très utile d'étudier la nature du sous sol, attendu que les racines s'y enfoncent profondément (chlorose des vignes, etc). On fait des prises en creusant les tranchées qui ont servi à la prise des échantillons de terre arable et en opérant avec les mêmes précautions ; les tranchées doivent être creusées à une profondeur égale au moins à celle du sol arable ; la profondeur des racines renseigne à ce sujet.

2° *Cas. Sol homogène.* — La prise d'échantillon se fait en suivant les précautions précédentes ; on prélève dans chaque partie différente du sol, des échantillons que l'on analyse séparément.

II. ANALYSE PHYSIQUE DE LA TERRE. — 1° *Dosage de l'eau.* On pèse 10 grammes de terre fine. on les met dans une capsule tarée et on les dessèche à l'étuve à 150 degrés jusqu'à ce que deux pesées successives indique le même poids ; on pèse de nouveau, la différence de poids indique la quantité d'eau.

2° *Séparation des cailloux et de la terre fine.* Lorsque la terre est suffisamment sèche, on en prend un poids déterminé par exemple 100 grammes ou 200 grammes et on la passe au tamis de 10 fils au cent mètre (ne pas broyer les petites pierres). Les parties agglomérées qui restent sur le tamis sont de nouveau écrasées avec les doigts jusqu'à ce qu'il n'y ait plus de terre fine. Les cailloux sont lavés, desséchés et pesés ; on en déduit le poids de terre fine ; on examine si les pierres sont calcaires ou siliceuses ; à cet effet, on les touche avec une baguette trempée dans l'acide (vinaigre ou acide chlorhydrique) ; s'il y a effervescence, les pierres sont calcaires ; si l'acide ne produit rien, les pierres sont siliceuses.

3° *Analyse de la terre fine.* — On pèse 5 grammes de terre fine desséchée jusqu'à cessation de perte de poids ; on les met dans une petite capsule de porcelaine et on les humecte d'un peu d'eau distillée de manière à en faire une pâte ; on ajoute 10 centimètres cubes d'eau distillée en frottant avec le doigt ou avec l'agitateur de verre ; l'eau devient bourbeuse ; après la dernière agitation, on compte 10 secondes et l'on verse dans un grand verre le liquide trouble qui surnage, en ayant soin de ne pas laisser passer les parties déposées au fond de la capsule. On répète cette opération jusqu'à ce que l'eau ajoutée reste limpide malgré l'agitation ; à ce moment, toutes les parties terreuses ont été enlevées et le résidu qui reste dans la capsule est du sable pur. Ce résidu ou *gros sable* ou *sable grossier* est séché et pesé lorsque son poids ne varie plus. On dose le calcaire dans ce résidu comme il est dit en II en opérant en plusieurs fois s'il y a une notable quantité de calcaire (on juge qu'il y a trop de calcaire pour une seule opération lorsque le volume du dégagement gazeux est supérieur à 100 centimètres cubes).

La partie décantée dans le verre, dont le volume est de 200 à 500 centimètres cubes environ, renferme le *sable fin,* le *calcaire terreux,* l'*argile* et l'*humus ;* on y verse par petites portions de l'acide nitrique jusqu'à cessation d'effervescence ; on agite plusieurs fois et on attend quelque temps afin de permettre au calcaire de se dissoudre entièrement. On filtre la liqueur et on lave le précipité du filtre jusqu'à ce que l'eau de lavage commence à passer trouble ; à ce moment, le calcaire et l'acide nitrique libres sont entièrement éliminés. Le filtre renferme le sable siliceux fin, l'argile et l'humus ; on crève le filtre à l'aide d'une baguette de verre ; on fait tomber le précipité dans un verre à l'aide d'eau distillée (prendre la pipette et ajouter de l'eau jusqu'à ce que le précipité soit entièrement tombé). On ajoute dans le liquide 2 ou 3 centimètres cubes d'ammoniaque pour maintenir l'humus en dissolution et on laisse reposer pendant 24 heures ; le sable fin se dépose au fond du verre et l'argile reste en suspension dans l'eau. Celle-ci est décantée au moyen d'un siphon (prendre le tube I C M, fig. 3, faire plonger l'extrémité inférieure de la partie M dans le verre renfermant le liquide à décanter et aspirer avec la bouche, par l'extrémité de la partie I ; au moment où le liquide arrive en C, presser le caoutchouc à la main et enlever la bouche ; le liquide passe alors en I et peut être reçu entièrement dans un verre). On verse sur le résidu de sable fin 2 centimètres cubes d'ammoniaque et un litre d'eau ; on agite et on laisse de nouveau reposer pendant 24 heures ; au bout de ce temps on décante le liquide comme précédemment et on l'ajoute au liquide provenant de la première décantation.

En général, il suffit de deux décantations pour les terres ordinaires ; toutefois, lorsque les terres sont très argileuses, il est nécessaire de faire 3 ou 4 décantations. Le sable fin qui reste comme résidu dans le verre est recueilli sur un filtre à l'aide d'un agitateur à bague de caoutchouc ; on le sèche et on le pèse : c'est le *sable fin* ; il doit être sans cohésion, c'est signe que l'argile a été bien séparée.

Dosage de l'argile et de l'humus. -- *1er moyen.* — Le liquide argileux décanté renferme l'*humus* à l'état d'humate d'ammoniaque et l'*argile*. On dissout quelques grammes de chlorhydrate d'ammoniaque dans ce liquide (en mettre jusqu'à 20 grammes lorsque l'humate est abondant ; l'argile est coagulée et l'humate reste dissous ; on laisse clarifier par un repos suffisant ; on décante la plus grande partie du liquide clair à l'aide du siphon ; le reste est filtré sur un filtre taré ; l'argile est reçue sur un filtre. On lave le contenu du filtre à l'eau distillée ; on réunit les eaux de lavage au liquide filtré et au liquide clair décanté. Le filtre est séché à 100 degrés et pesé : on a le poids d'*argile*.

Le liquide renfermant l'humate d'ammoniaque est additionné d'acide chlorhydrique pour saturer l'ammoniaque ; l'humus est alors précipité ; on le recueille sur un filtre, on le sèche et on le pèse.

2e moyen. — Le liquide argileux renfermant l'humate et l'argile est additionné d'acide azotique ; l'argile et l'humus sont précipités. On les recueille sur un filtre et on les lave à l'eau en réunissant le précipité au fond du filtre. On évite une trop grande dessiccation du filtre et on le replie sur lui-même de manière à ramasser le précipité sous forme d'une petite masse facile à détacher. Cette masse est placée dans une capsule tarée, séchée à 100 degrés et pesée ; on a le poids d'*argile* et d'*humus* ; on brûle ensuite le précipité de façon à détruire entièrement l'humus et on pèse de nouveau. La diminution de poids comprend le poids de l'humus et la perte d'eau combinée à l'argile ; on retranche alors de cette diminution dix pour cent du poids du résidu provenant de la calcination. On a alors le poids de l'*humus*, puis celui de l'*argile* par différence.

Dosage du calcaire terreux. — On détermine la proportion totale de calcaire dans un gramme de terre fine, en suivant le procédé indiqué en II et on retranche le poids du calcaire trouvé plus haut dans le gros sable. On a ainsi le poids du calcaire terreux par différence.

S'il y a du carbonate de magnésie, on opère comme il est dit en IV.

II

Dosage du calcaire dans les terres, roches, résidus industriels, dépôts de toutes sortes.

Pour doser le calcaire ou carbonate de chaux on emploie *le calcimètre Trubert*.

Description du calcimètre. — Le calcimètre se compose des parties suivantes :

1° Un flacon A, genre col droit, de 300 à 500 centimètres cubes ; ce flacon est fermé par un bouchon de caoutchouc percé de 2 ouvertures.

2° Un tube à dégagement B C D en verre résistant formé de deux parties recourbées B et D réliées par un tube de caoutchouc C assez épais et parfaitement flexible ; la partie D présente un crochet.

3° Une petite cuve à eau F à niveau constant. Cette cuve présente un orifice O situé un peu au-dessus de l'extrémité du crochet ; l'orifice peut être fermé à volonté par un petit bouchon ; un petit tube ouvert t, muni d'une bague de caoutchouc, laisse échapper l'excès d'eau.

4° Une éprouvette E soigneusement graduée pouvant être placée sur l'ouverture du crochet.

5° Une petite jauge J, genre tube à essai, destinée à recueillir la quantité d'acide nécessaire pour l'attaque de la substance à analyser ;

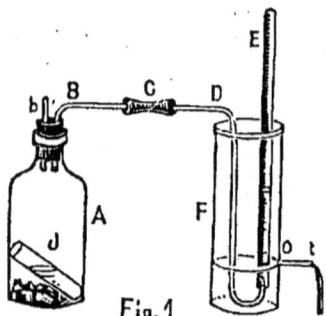

Fig. 1

6° Une pince brucelle ;

7° Une série de tamis de différents numéros (gros. moyens et fins) chaque tamis est numéroté et correspond à un nombre déterminé de fils au centimètre.

8° Une petite mesure en laiton servant à mesurer un gramme de terre tamisée au tamis de 10 fils.

9° Une brochure explicative avec table de calcul servant au dosage de l'acide carbonique et du calcaire.

I. DOSAGE DU CALCAIRE DANS LES TERRES. — *Principe de procédé.* — La terre est attaquée par l'acide chlorhydrique étendu ; l'acide carbonique provenant du calcaire déplace, en vertu de sa grande densité, un égal volume d'air qui est recueilli dans l'éprouvette graduée. Connaissant ce volume gazeux, on calcule le tant pour cent de calcaire correspondant.

Montage et pratique de l'opération. — On pèse un gramme de terre parfaitement sèche et tamisée (la terre doit être séchée jusqu'à ce que la balance n'accuse plus de perte de poids).

Si l'on fait une opération courante, en plein champ, ou si l'on n'a pas de *balance de précision*, on remplit exactement la petite mesure de terre tamisée et séchée au soleil ou sur un fourneau (ne pas tasser la terre) : on enlève l'excès de terre avec la tranche d'une carte ou d'un couteau. On introduit cette terre dans le flacon A.

On verse de l'eau dans la cuve F jusqu'à l'orifice O, on remplit d'eau l'éprouvette graduée E et à l'aide d'un petit morceau de papier (le papier de soie est très commode), on ferme l'éprouvette remplie et on la retourne sur la cuve.

On remplit la petite jauge J aux trois quarts d'acide chlorhydrique étendu de 3 ou 4 fois son volume d'eau (un acide moins étendu pourrait donner une petite élévation de température par une attaque trop vive) [1]. On dépose la jauge ainsi remplie sur le fond du flacon A au moyen de la pince (voir la figure). On ferme le flacon A avec le bouchon de caoutchouc muni de la tige pleine b et du tube à dégagement, en ayant soin de disposer l'extrémité du tube près de la face inférieure du bouchon ; quelques bulles d'air s'échappent, il faut attendre que l'équilibre soit établi ; en enfonçant plus ou moins forte-

(1) Pour n'attaquer que le calcaire le plus fin, on peut se servir d'un acide faible comme du vinaigre ordinaire ou une solution d'acide tartrique.

ment le bouchon ou la tige *b*, on arrive facilement à placer l'extrémité du crochet et la surface de séparation de l'air et de l'eau dans le tube dans un même plan horizontal. On place ensuite l'éprouvette pleine d'eau sur le crochet. On fixe alors, entre les doigts de la main droite, le tube à dégagement et l'éprouvette, et, à l'aide de la main gauche qui tient la bague du flacon A de manière à éviter l'échauffement par la main on incline légèrement le flacon afin de renverser l'acide sur la terre. On agite pendant quelques instants ; l'air déplacé par l'acide carbonique se rend dans l'éprouvette graduée. Lorsque le dégagement cesse, on procède à la lecture du gaz. A cet effet, ou ferme l'orifice de la cuve, on la remplit d'eau et à l'aide d'une petite pince en bois ou même d'un peu de papier pour éviter l'échauffement, on soulève l'éprouvette jusqu'à ce que les niveaux de l'eau dans l'éprouvette et dans la cuve soient dans un même plan. On lit alors le volume du gaz recueilli dans l'éprouvette. On peut également faire la lecture dans une cuve plus profonde, par exemple dans un seau d'eau froide; il suffit alors d'y plonger l'ensemble de la petite cuve et de l'éprouvette.

Calcul du tant pour cent de calcaire contenu dans l'échantillon de terre. — On peut évaluer la proportion de calcaire de plusieurs manières :

1° *On a un bon baromètre et un thermomètre.* — On évalue la température de l'eau de la cuve en y plongeant un thermomètre, soit 14 degrés ; la hauteur du baromètre étant par exemple 752 millimètres et le volume gazeux 68 centimètres cubes, on peut calculer le poids d'acide carbonique produit par le calcaire.

En effet, 1 centimètre cube d'acide carbonique sec, à zéro degré, sous la pression normale 760, pèse 1 milligramme 977746; il suffit donc de multiplier par ce nombre le volume d'acide carbonique sec à zéro degré sous la pression 760, correspondant à 68 cent cubes d'air saturé de vapeur d'eau.

Pour éviter de longs calculs, nous avons établi une table (voir à la fin) qui permet d'obtenir rapidement les volumes d'acide carbonique sec, à zéro degré, sous la pression 760, volumes qui correspondent à ceux d'air déplacé saturé de vapeur d'eau aux pressions et températures ordinaires. (1)

Pour l'acide carbonique, on ne prendra dans la table que les trois premiers chiffres. Ainsi, dans cette table, nous trouvons que 100 centimètres cubes d'air saturé de vapeur d'eau à 14 degrés et sous la pression 752, correspondent à $92^{cc}6$ d'acide carbonique sec à zéro degré, sous la pression 760; un centimètre cube correspond donc à $0^{cc}926$ et 68 correspondent à : $68 \times 0926 = 62^{cc}97$.

Le poids d'acide carbonique sera donc : $1,977746 \times 62,97 = 124$ millig. 5. Or, 50 milligrammes de carbonate de chaux pur donnent 22 milligrammes d'acide carbonique, par suite le poids de calcaire contenu dans un gramme de la terre précédente est de : $124,5 \times \dfrac{50}{22} = 283$ milligr., soit 28, 3 %, ce qui revient à multiplier le nombre représentant le volume, soit 62,97, par $1.977746 \times \dfrac{50}{22} = 4,495$. On a donc : $4,495 \times 62,97 = 283$ milligrammes.

2° *On n'a ni baromètre ni thermomètre.* — On peut éviter les calculs précédents en faisant une opération supplémentaire, immédiatement après la lecture du volume gazeux produit par 1 gramme de terre; on décompose, dans les mêmes conditions, 0 gramme 3 de carbonate de chaux chimiquement

---

(1) Lorsque l'on évalue un volume gazeux sur l'eau, il est absolument nécessaire de tenir compte de la tension maxima de la vapeur d'eau. Ainsi, par exemple, si l'on n'en tient pas compte, l'erreur faite a la température 14 degrés serait 1,3 pour cent et l'erreur faite à 25 degrés serait 3,1 pour cent.

pur et sec et on lit le volume gazeux produit. On calcule ensuite le poids du calcaire de la terre par une simple règle de trois.

EXEMPLE : Dans les conditions précédentes, 0 gr. 3. de carbonate de chaux ont donné un dégagement de 72^{cc}; par conséquent 68^{cc}, provenant de 1 gramme de terre, sont produits par un poids de calcaire de $\dfrac{0,3 \times 68}{72} = 0$ gr. 283.

La terre renferme donc 28,3 °/₀ de calcaire.

3° *On n'a ni baromètre, ni carbonate de chaux pur.* — On lit le volume du dégagement gazeux en suivant les précautions indiquées plus haut et on multiplie par 0,4 le nombre de centimètres cubes obtenu. Le produit obtenu est le tant pour cent de calcaire renfermé dans la terre. [1]

Dans la plupart des cas, il vaut mieux multiplier par 0,415.

Nota. — Lorsqu'un gramme de terre donne un dégagement d'acide carbonique supérieur à 100 centimètres cubes, c'est-à-dire lorsque la terre est fortement calcaire, on opère sur 0 gr. 500 de terre ou bien on partage 1 gramme de terre en 2 parties à peu près égales; on opère comme plus haut le dosage du calcaire sur les deux parties séparées et on additionne les résultats obtenus.

Si la terre est peu calcaire, on opère sur 2, 5 ou 10 grammes et l'on divise par 2, 5 ou 10 le résultat obtenu. Il est bon alors d'humecter légèrement la terre pour favoriser l'action de l'acide.

II. VARIATIONS DE LA PROPORTION DU CALCAIRE AVEC LA TÉNUITÉ DE LA TERRE. — *Dosage du calcaire actif. Courbes de ténuité.* — C'est le calcaire à l'état très divisé qui agit surtout dans le sol.

On peut se proposer de déterminer la proportion de calcaire renfermé dans un poids donné de terre séchée et tamisée avec des tamis plus fins ou plus gros. (Prendre la série de tamis jointe à l'appareil). Dans le tamisage d'une terre, on peut observer que les plus gros grains de terre qui passent au tamis de 10 fils au centimètre se subdivisent souvent en petites parties très fines lorsqu'on les humecte d'eau sous le champ de la loupe ou du microscope; en outre, nous avons constaté, notamment à Gap, que les gelées d'hiver peuvent modifier les proportions relatives des parties très fines. Il en résulte que l'étude de l'influence de la ténuité, telle que l'ont proposée certains auteurs, peut donner, suivant les saisons, des résultats peu comparables, et qu'il est utile de faire cette étude après l'hiver. Voici un moyen d'opérer qui nous a donné de bons résultats. On tamise la terre, parfaitement séchée, avec un tamis de 10 fils au centimètre; on humecte d'eau distillée toute la partie qui a passé sous le tamis; on écrase avec le doigt, de temps en temps, la terre ainsi humectée et on la dessèche ensuite jusqu'à ce qu'on n'observe plus de perte de poids. La terre desséchée et bien meuble est ensuite passée aux tamis de différents numéros et on détermine la quantité de calcaire dans chaque partie qui reste sous chaque tamis, en notant exactement le numéro du tamis qui la laisse passer. Enfin, on peut séparer le calcaire qui est à un degré de ténuité extrême en agitant la terre avec de l'eau; les éléments les plus fins se maintiennent pendant quelques instants en suspension dans l'eau et se séparent des plus gros éléments qui se déposent immédiatement; (les échantillons soumis à l'analyse ne devront donc pas être broyés ni pulvérisés, car on pourrait compter comme calcaire très fin du carbonate de chaux faisant partie de gros fragments). On dose ensuite le calcaire qui se

---

[1] Lorsque l'on calcule le poids de calcaire qui produit un centimètre cube d'acide carbonique saturé de vapeur d'eau, on trouve sensiblement 4 milligrammes (environ 3 millig. 8 pour les basses pressions (Gap) et 4 milligr. 2 pour les hautes pressions atmosphériques).

trouve en suspension dans l'eau en filtrant celle-ci et en introduisant le filtre et son résidu dans le flacon A du calcimètre.

Courbes de ténuité. — Ayant déterminé la proportion de calcaire dans chaque partie de terre tamisée avec des tamis différents, il est facile de construire une courbe montrant la croissance ou la décroissance du calcaire avec la ténuité ; il suffit de porter en abcisses des longueurs représentant le nombre de fils au centimètre et en ordonnées des longueurs proportionnelles au tant pour cent de calcaire renfermé dans chaque partie tamisée ; ces ordonnées seront portées aux points correspondant aux numéros des tamis.

EXEMPLE :

Avec le tamis de 10 fils, on obtient 28.3 % de calcaire, avec celui de 15 fils on a 28,95 %, avec celui de 20 fils, 29,4, etc. On prend une feuille de papier quadrillé et sur une ligne horizontale on porte des longueurs égales ; au point d'origine, on écrit 10, (10 fils au centimètre), puis à droite les numéros 11, 12, 13, 14, 15, 16, 17, 18, 19, 20..... en face de chaque division. Au point 10, on porte sur la ligne verticale une longueur proportionnelle à 28,3 ; au point 15, une longueur proportionnelle à 28,95 ; au point 20, une longueur proportionnelle à 29,4, etc. On obtient ainsi trois verticales de différentes longueurs dont on joint les extrémités par une courbe continue que nous avons appelée courbe de ténuité calcaire. Il est évident que la courbe sera d'autant plus exacte que l'on aura tracé un plus grand nombre d'ordonnées, ce qui revient à dire qu'il faut opérer avec un grand nombre de tamis dont les numéros se suivent régulièrement et sont séparés par de faibles intervalles. Enfin, on pourra comparer la courbe de ténuité avec le dosage du calcaire très fin que l'on peut séparer par suspension dans l'eau. On peut construire de la même manière la *courbe de ténuité magnésienne* en dosant le carbonate de chaux et le carbonate de magnésie comme il est dit en IV. La construction et la comparaison des *courbes de ténuité* est la meilleure manière, d'après nous, d'étudier la variation de la quantité de calcaire dans un terrain ; elle peut rendre les plus grands services dans l'établissement des cartes agronomiques et dans la détermination des terrains géologiques.

III. TERRES CALCAIRES ET MAGNÉSIENNES. — Les dosages indiqués plus haut s'appliquent dans le cas où la terre ne renferme comme carbonate que du carbonate de chaux ; souvent, le carbonate de magnésie, en quantité variable, accompagne le carbonate de chaux. Or, le carbonate de magnésie exerce une grande influence sur les engrais, et nous avons toujours remarqué que sa présence recule la limite d'adaptation des vignes américaines (chlorose). Il est donc absolument nécessaire de chercher si le dégagement d'acide carbonique est dû seulement à la décomposition du carbonate de chaux ou au mélange de calcaire et de carbonate de magnésie. Le calcimètre Trubert permet de caractériser et de doser ces deux carbonates, d'une façon très sûre. Nous indiquons en IV, comment on peut opérer.

III

Marnes — Marnage — Chaulage

I. *Dosage du carbonate de chaux dans les marnes.* — Lorsque le calcaire n'a pas un degré de finesse convenable et lorsqu'on veut donner au sol une quantité suffisante de carbonate de chaux, on ajoute des calcaires très divisés appelés marnes. La dose à ajouter varie selon la richesse en calcaire du sol et de la marne et la profondeur des labours. Il est donc nécessaire de déterminer d'abord la proportion de calcaire dans une marne et dans le sol. Nous avons vu comment on opérait pour le sol; on opère de même sur 0 gr. 4 à 1 gramme de marne écrasée. la prise d'essai doit être telle qu'on obtienne un dégagement gazeux d'environ 80 à 90 centimètres cubes. Si l'on veut doser en même temps le carbonate de magnésie, on opère comme il est indiqué en IV (dolomies)

D'après M. de Gasparin, on doit déterminer la proportion de calcaire total et de calcaire actif. Voici un procédé qu'il recommande pour cet essai : on met un kilo de marne dans une terrine avec de l'eau de manière à recouvrir entièrement la marne : au bout d'une heure. on agite et on enlève l'eau trouble surnageante. On recommence cette opération jusqu'à ce que l'eau soit claire. Le résidu déposé au fond de la terrine est desséché et pesé; on a le poids des parties fines On peut déterminer comme plus haut la proportion de carbonate de chaux dans chaque partie en opérant sur de très petites quantités et filtrant l'eau trouble. Enfin, on dose le carbonate de magnésie comme il est dit en IV.

II. *Classification des marnes.* — Les marnes sont formées d'un mélange de carbonate de chaux, d'argile, de sable et de matières étrangères comme l'oxyde de fer, le plâtre, le carbonate de magnésie, etc.

On distingue : les *marnes calcaires.* qui renferment 50 à 95 0/0 de carbonate de chaux et souvent des quantités appréciables de carbonate de magnésie ; les *marnes argileuses*, qui contiennent 10 à 50 0/0 de carbonate de chaux, 50 à 75 0/0 d'argile et un peu de sable ; les *marnes siliceuses*, qui renferment 10 à 50 0/0 de carbonate de chaux, 25 à 75 0/0 de sable et un peu d'argile ; les *marnes magnésiennes*, renfermant 5 à 80 0/0 de carbonate de magnésie ; les *marnes gypseuses*, qui contiennent une assez forte proportion de sulfate de chaux ; les *marnes humeuses*, peu calcaires, riches en matières organiques.

III. *Classification des terres au point de vue du marnage.* — Il faut distinguer : 1° Les *terres essentiellement calcaires*, qui n'ont pas besoin d'amendements calcaires; pour les améliorer. on leur ajoute des matières organiques azotées de la potasse et de l'acide phosphorique ;

2° Les *terres franches*, qui sont composées de sable, d'argile et d'humus convenablement associés au calcaire; ce sont les terres arables les plus fertiles; elles peuvent souvent se passer d'amendements calcaires. Lorsque les éléments sableux dominent, la proportion de calcaire suffisante pour que l'ameublement soit convenable est de 1 à 2 0/0; lorsque les éléments argileux dominent, il faut beaucoup plus de calcaire et la proportion peut aller jusqu'à 10 0/0 ;

3° Les *terres peu calcaires*. Ces terres sont sensibles au chaulage et au marnage. Les terres légères, étant suffisamment meubles et perméables, peuvent se passer d'un apport de calcaire quand elles en contiennent environ 1 0/0; les terres fortes, riches en argile, étant imperméables, sont modifiées très avantageusement par le marnage; la quantité de calcaire à apporter est d'autant plus grande que l'argile est plus abondante et que les éléments sableux et organiques sont moins abondants ;

4° Les *terres dépourvues de calcaire*. Ces terres sont de mauvaise qualité; elles s'enrichissent en matières azotées et leur azote ne se nitrifie pas (1). Il est absolument nécessaire de les marner et de les chauler; la matière organique qui est acide est alors saturée par la chaux; il se forme de l'humus et l'azote se nitrifie.

---

(1) Les terres dépourvues de calcaire sont caractérisées par la présence de l'oseille, de la bruyère, des genêts, des ajoncs, des digitales, des houlques, de la matricaire, etc., et dans les parties humides, de carex, de joncs et de sphaignes.

Les terres, renfermant du calcaire, font croître la luzerne, le sainfoin, les trèfles, la minette, etc.

IV. *Pratique du marnage.* — Cette pratique se fait de préférence à l'automne.

Connaissant la richesse S du sol en calcaire, la richesse M de la marne et la profondeur P du sol, on peut calculer facilement le nombre de mètres cubes x de marne qu'il faut ajouter au sol pour lui donner un tant pour cent déterminé t de calcaire. Il suffit de calculer l'expression : $x = \dfrac{100\,P\,(t - S)}{M}$

Exemple : Le sol a une profondeur de 15 centimètres et renferme 1 0/0 de calcaire; on veut élever la dose de calcaire à 3 0/0 avec une marne renfermant 50 0/0 de calcaire ; le nombre de mètres cubes à ajouter par hectare sera :
$$\frac{100 \times 15 \times (3 - 1)}{50} = 60.$$

V. *Marnage par les calcaires marins.* — On divise les calcaires marins en deux classes : 1° Les dépôts anciens ou *faluns;* 2° Les dépôts récents. On dose le calcaire comme dans les marnes.

1° *Faluns* (appelés aussi coquilles fossiles, crags). Ils sont formés de sables mélangés avec des coquilles marines et des débris d'animaux marins ; ils ont été déposés par les mers tertiaires.

Ils renferment de 30 à 80 0/0 de carbonate de chaux, du sable et une faible quantité d'acide phosphorique et de potasse.

On les ajoute aux terres argileuses et compactes; la dose varie avec la proportion de calcaire contenue dans le sol et dans les faluns employés (ordinairement 10 mètres cubes par hectare pour une période de 5 ou 6 ans).

2° *Dépôts récents.* On distingue : la *tangue*, le *trez* et le *merl.*

La *tangue* (tangu, sablon, c dre de mer) est déposée dans les baies du littoral (Manche et Ille-et-Vilaine) ; elle est formée de débris de roches de la côte et de coquilles marines ; elle renferme de 25 à 65 0/0 de carbonate de chaux, du sable et de l'argile, du sel marin et un peu de phosphore et d'azote. On la laisse exposée à l'air pendant deux mois environ avant de l'employer, l'eau de pluie élimine alors les chlorures. La dose à employer peut être calculée comme celle des marnes.

Le *trez* ou sabion se rapproche de la tangue, mais il est plus gros ; on le trouve sur les grèves du Finistère, sur les côtes et à l'embouchure des rivières : il renferme de 10 à 95 0/0 de carbonate de chaux, du sable et de l'argile. On l'emploie comme la tangue.

Le *merl* ou marl (blanc ou rose) existe sous forme de petites concrétions calcaires provenant de certaines algues marines, il renferme de 40 à 80 0/0 de carbonate de chaux, du sable et du gravier, un peu d'azote et d'acide phosphorique. On l'emploie comme la tangue.

VI. — Indépendamment des calcaires précédents, on peut utiliser les résidus de certaines industries comme les écumes de défécation, les chaux d'épuration du gaz d'éclairage, les scories de fer, les marcs de colle, les déchets de tannerie, les chaux de papeteries, les charrées de cendres. On y dose le carbonate de chaux comme dans les marnes.

Les chaux d'épuration du gaz doivent être exposées à l'air pendant quelque temps afin de faire disparaître les cyanures, les sulfites et les hyposulfites.

Dosage du carbonate de chaux dans les pierres à chaux et dans les roches

On pulvérise les matières et on opère sur la poudre comme dans le cas des terres (prendre 0 gr. 5 environ de substance).

Applications. — La détermination du tant pour cent de carbonate de chaux permet de connaître la qualité des chaux ordinaires, des chaux hydrauliques et des ciments que l'on veut fabriquer. Ainsi à 50 grammes de carbonate de chaux pur, correspondent 28 grammes de chaux vive (1). Comme conséquence on peut déterminer l'*indice de l'hydraulicité des chaux*, c'est à dire le rapport de l'argile à la chaux. Toutefois il faut remarquer que la plupart des calcaires renferment plus ou moins de carbonate de magnésie (42 grammes de carbonate de magnésie donne 20 gr. de magnésie anhydre). D'après les expériences de Ste Claire Deville, la magnésie anhydre possède des qualités hydrauliques qui se manifestent avec rapidité. La magnésie communique ses qualités à la craie, au marbre, au grès de Fontainebleau. La dolomie (carbonate double de chaux et de magnésie), faiblement chauffée, fait prise sous l'eau très rapidement en donnant une pierre très dure. Enfin Vicat. pour fabriquer des ciments servant à des constructions marines, a conseillé d'y introduire de la magnésie. D'après ses expériences, 30 à 40 parties de magnésie peuvent rendre hydrauliques 40 parties de chaux très pure. C'est parce que les chaux naturelles du Lardin (Dordogne) renferment 42 0/0 de magnésie. qu'elles jouissent si parfaitement de l'hydraulicité Les fabricants de chaux devront donc doser le carbonate de magnésie ; il suffit de suivre le procédé indiqué en IV. S'il y avait du carbonate de fer, il faudrait bien pulvériser la matière, en peser un poids déterminé et laisser cette poudre exposée à l'air. Dans ces conditions, le carbonate de fer donne du sesquioxyde de fer et il laisse dégager son acide carbonique; en même temps, la substance se colore en jaune couleur rouille ou brunit (c'est le cas des spaths brunissants ou dolomies renfermant plus de 15 0/0 de carbonate de fer). On opère le dosage du calcaire et du carbonate de magnésie comme il est dit plus loin.

Chaux et ciments. — Avec 10, 15 ou 35 0/0 d'argile, les chaux deviennent de plus en plus hydrauliques. Lorsque les calcaires ne renferment pas naturellement d'argile, il suffit de leur en ajouter avant la cuisson pour obtenir des chaux plus ou moins hydrauliques ; le dosage du carbonate de chaux indique alors la quantité d'argile à ajouter.

Au Bas-Meudon, près de Paris, on a fait de bonnes chaux hydrauliques d'après les indications de Vicat, en mélangeant quatre parties de craie de Meudon et une partie d'argile de Vanves ou de Passy, puis façonnant la pâte en brique et soumettant celle-ci à la calcination.

En général, les assises moyenne et supérieure de l'étage oxfordien présentent presque partout des bancs propres à la fabrication de la chaux hydraulique; c'est à ces mêmes assises que se rapportent toutes les exploitations des ciments hydrauliques existant en Dauphiné. (Lory — Description géologique du Dauphiné.)

Dosage du carbonate de chaux dans les phosphates naturels et les os divers, coquilles, etc.

On opère, comme dans le cas des terres, sur 1 à 10 grammes de substance finement pulvérisée; il en est de même des os calcinés et réduits en poussière. S'il y a du carbonate de magnésie on le dose comme dans les terres.

Applications. — Le dosage du carbonate de chaux et du carbonate de magnésie dans les phosphates, indique la quantité d'acide sulfurique qu'il faut ajouter en supplément pour transformer complètement le phosphate tribasique en superphosphate et empêcher une rétrogradation rapide.

Si l'on emploie, par exemple, de l'acide sulfurique à 53° Baumé il faut employer les quantités suivantes :

(1) La chaux mal préparée renferme du carbonate de chaux. on peut doser la chaux vive et le carbonate de chaux comme dans le noir animal (voir plus loin).

Pour transformer 100 parties de phosphate tribasique de chaux en super-phosphate il faut 93 p. 5 d'acide ; pour décomposer 100 p. de carbonate de chaux. il faut 145 p. 7 d'acide; enfin, pour décomposer 100 p de carbonate de magnésie, il faut 173 p. 4.

Dosage du carbonate de chaux dans les noirs d'engrais ou résidus des raffineries, dans les écumes de défécation, etc.

Le noir animal, récemment préparé, est utilisé pour décolorer les jus sucrés et pour absorber les impuretés telles que la chaux, les substances salines, la matière colorante et les substances albuminoïdes. Le noir, qui a servi quelque temps, perd ses propriétés et doit être revivifié. A cet effet, on le fait bouillir avec de l'eau additionnée d'un peu d'acide chlorhydrique et avec de l'eau. On le calcine et on le crible. Le noir fin sert d'engrais.

Le noir animal peut être revivifié de 20 à 25 fois. Dans les sucreries, il est nécessaire de doser le carbonate de chaux afin de connaître la quantité d'acide chlorhydrique nécessaire pour l'éliminer (100 parties de carbonate de chaux exigent 73 p. d'acide chlorhydrique).

On dose l'acide carbonique total, en desséchant d'abord le noir ; puis on le pulvérise finement et on en attaque une quantité convenable (3 à 5 grammes) dans le calcimètre Trubert. On peut y doser le carbonate de magnésie comme dans les terres. (Il faut 173,8 parties d'acide chlorhydrique pur pour décomposer et éliminer 100 parties de carbonate de magnésie).

Si le noir renferme de la chaux caustique. on met l'essai dans une petite capsule de porcelaine et on l'humecte avec 10 ou 15 gouttes d'une solution de carbonate d'ammoniaque ; on évapore à siccité sans chauffer jusqu'au rouge ; la chaux ayant été transformée en carbonate, on dose le carbonate de chaux total du résidu de l'évaporation en opérant comme dans les terres. Un essai préliminaire ayant donné la proportion de carbonate renfermé dans un même poids de noir, la différence des deux dosages donne le poids du carbonate de chaux correspondant à la chaux vive ; on peut dès lors calculer le poids de celle-ci en se rappelant que 50 grammes de carbonate de chaux donne 28 grammes de chaux vive.

IV
Détermination des proportions de carbonate de chaux et de carbonate de magnésie dans les terres

Procédé Trubert. — Principe. — On sait qu'un centimètre cube d'une solution normale d'acide azotique ou d'acide chlorhydrique décompose 50 milligrammes de carbonate de chaux ou 42 milligrammes de carbonate de magnésie en mettant en liberté 22 milligr. d'acide carbonique, occupant à zéro degré et sous la pression 760, le volume $\dfrac{22}{1.977745} = 11,12377$ centimètres cubes ; il se forme en même temps des azotates ou des chlorures solubles dans l'eau. Cette réaction permet de déterminer le poids total des carbonates de chaux et de magnésie renfermé dans une terre et par suite le poids de chaque carbonate.

Manière d'opérer. — 1° On pèse 1 gramme de terre (0 gr. 5 pour les terres très riches en carbonate, jusqu'à 5 et même 10 grammes pour les terres très pauvres) [1] ; on l'attaque dans le calcimètre Trubert par de l'acide·

---

(1) Il faut, autant que possible, prendre un poids de terre tel qu'il donne un volume d'acide carbonique variant entre 50 et 100 centimètres cubes. Cette terre est débarrassée des parties solubles dans l'eau par filtration.

chlorhydrique étendu et on évalue le volume d'acide carbonique en suivant les précautions indiquées en II. On calcule le volume correspondant d'acide carbonique sec, à zéro degré, sous la pression 760, en faisant usage de la table finale. En divisant ce volume par 11.12377 on obtient le nombre N de centimètres cubes de la solution normale acide nécessaire pour transformer intégralement les carbonates insolubles dans l'eau.

2° On prend ensuite le même poids de terre et on y ajoute le volume N de la solution normale acide calculé en 1° (ou 2 N si l'on emploie des solutions demi-normales). On agite. Les carbonates sont transformés en sels solubles. On filtre lorsqu'il ne se produit plus d'effervescence. On peut d'ailleurs remarquer que la tranformation des carbonates est complète quand il se produit une coloration violette persistante en présence d'une goutte de solution normale de soude et de phénolphtaléine. On lave le résidu avec un peu d'eau, on le dessèche complètement et on le pèse. La diminution de poids de la terre représente le poids total des carbonates renfermé dans la prise d'essai.

Connaissant le poids des carbonates on peut calculer les proportions de carbonate de chaux et de carbonate de magnésie. On peut procéder de plusieurs manières :

1re manière. — Soit p le poids total des carbonates, V_0 le le volume d'acide carbonique sec, à zéro degré, sous la pression 760, produit par la décomposition des carbonates..

Le poids c du carbonate de chaux est donnée par la formule :
$$c = 6,2497 \times p - 23.5963 \times V_0 \text{ (1)}$$
et le poids m de carbonate de magnésie par la formule :
$$m = 23.5963 \times V_0 - 5,2497 \times p$$
ou en faisant la différence : p — C.

Exemple : Un gramme de terre sèche a donné un dégagement de $84^{cc}.5$ à 14° sous la pression 752. Ces $84^{cc},5$ correspondent à $78^{cc},24$ d'acide carbonique sec à zéro degré, sous la pression 760. Le poids total des carbonates étant 333 millig., le poids de carbonate de chaux est de : $6,2497 \times 333 - 23,5963 \times 76,24 = 235$ milligr , soit 23,5 %.

Le poids de carbonate de magnésie est de : 333 – 235 = 98 milligr. soit 9,8 %.

---

(1) Voici comment nous avons établi cette formule : Soit x le volume d'acide carbonique sec à zéro degré et sous la pression 760 produit par le poids inconnu de carbonate de chaux ; soit y celui qui est produit par le carbonate de magnésie. On a : $V_0 = x + y$. (I).

Le poids de carbonate de chaux est de : $x \times 1,977747 \times \dfrac{50}{22}$ milligrammes ;

Celui du carbonate de magnésie est de : $y \times 1,977746 \times \dfrac{42}{22}$ milligrammes ;

On a donc : $p = x \times 1,977746 \times \dfrac{50}{22} + y \times 1,977746 \times \dfrac{42}{22}$ (2).

De (I) on tire $y = V_0 - x$. Remplaçant y dans (2) et effectuant, il vient : $p = 0,7192\,x + 3,7756\,V_0$; d'ou $x = \dfrac{p - 3,7756\,V_0}{0,7192}$.

Par suite, le poids C de carbonate de chaux est de :
$$C = \frac{50}{22} \times 1,977746 \times x = 4,4948 \times x = 6.2497 \times p - 23,5963 \times V_0.$$
Un calcul analogue donne pour le poids m de carbonate de magnésie :
$$m = 23,5963 \times V_0 - 5,2497 \times p.$$

2º manière (applicable lorsqu'on n'a ni baromètre, ni thermomètre). On fait les opérations suivantes :

1º On détermine le poids total des carbonates renfermés dans un poids donné de terre sèche (0 gr. 5 à 10 gr.). A cet effet, on ajoute à la prise d'essai, goutte à goutte, une solution acide très étendue, jusqu'à ce qu'il ne se produise plus d'effervescence et qu'il se produise une coloration violette en présence d'une goutte de solution très étendue de soude et de phénolphtaléine. On filtre, on dessèche le résidu et on le pèse. La diminution de poids de la terre donne le poids total des carbonates. EXEMPLE : 1 gramme de terre renferme 333 milligr. de carbonates.

2º On détermine, à l'aide du calcimètre Trubert, le volume du dégagement gazeux produit par l'attaque d'un poids de terre sèche égal au précédent (soit 1 gramme). On trouve par exemple, 84 centimètres cubes 5.

3º On fait immédiatement après, dans les mêmes conditions, la même opération sur 333 milligrammes de carbonate de chaux pur; on obtient un dégagement de 80 centimètres cubes.

Or, si l'on opérait sur 333 milligr. de carbonate de magnésie on aurait un dégagement : $80 \times \dfrac{59}{42} = 95^{cc}24$. Donc, la différence $95,24 - 80 = 15,24$ correspond à 333 milligr. de carbonate de magnésie ; par suite, la différence $84,5 - 80 = 4,5$ correspond à $\dfrac{333 \times 4.5}{15,24} = 98$ milligr. de carbonate de magnésie.

Le poids de carbonate de chaux sera alors : $333 - 98 = 235$ milligr.

La terre renferme donc 23,5 % de carbonate de chaux et 9,8 % de carbonate de magnésie.

Courbes de ténuité calcaire et magnésienne. — Ayant déterminé les proportions de calcaire et de carbonate de magnésie dans chaque partie de terre tamisée comme il est dit en II, on peut construire les courbes de ténuité calcaire et magnésienne. La comparaison de ces courbes donne de très utiles renseignements sur la nature des terres, l'emploi des engrais et la culture des vignes.

APPLICATIONS

Dosage du carbonate de chaux et de magnésie :

1º Dans les roches et les marnes magnésiennes (opérer sur 0 gr. 4 à 1 gr. de substance pulvérisée) ;

2º Dans les cendres des végétaux ;

3º Dans les cendres de papier ;

4º Dans les cendres du vin (application à la recherche du plâtrage) ;

5º Dans l'urine, les dépôts urinaires et les calculs. (Voir analyse de l'urine);

6º Dans le guano. On opère sur le résidu insoluble dans l'eau comme dans le cas des dépôts d'urine. Le guano naturel ne contient que peu de carbonates ; par suite, si l'on obtient un volume notable d'acide carbonique, on peut en conclure que le guano a été falsifié avec du calcaire ;

7º Dans les noirs d'engrais et résidus industriels (charrées, etc.);

8º Dans les phosphates naturels ;

9º Dans les dépôts de chaudières et de conduites et dans les incrustations diverses (stalactites et stalagmites ; eaux incrustantes, etc.).

V

Dosage des carbonates alcalino-terreux. — Analyse de la magnésie blanche des pharmaciens.

Les carbonates de baryte, de strontiane et de magnésie se dosent séparément comme le carbonate de chaux ; il suffit de se rappeler que 98 grammes 5 de carbonate de baryte, 73 gr. 75 de carbonate de strontiane, 42 grammes de carbonate de magnésie dégagent séparément 22 grammes d'acide carbonique lorsqu'ils sont attaqués par un acide étendu.

Magnésie blanche des pharmaciens. — Cette magnésie blanche est un mélange de carbonate de magnésie, de magnésie hydratée et d'eau. Elle renferme en moyenne, pour cent, 35,86 d'acide carbonique, 44,56 de magnésie et 19,58, d'eau. On dose le carbonate de magnésie ou l'acide carbonique comme dans le cas du carbonate de chaux, en opérant sur 0 gramme 4 de substance. On évalue le volume d'acide carbonique sec à zéro degré et sous la pression 760 et on multiplie ce volume par le nombre $1,977746 \times \dfrac{42}{22}$ $= 3,7757$ pour avoir le poids de carbonate de magnésie en milligrammes. On peut éviter les corrections de température et de pression en comparant le dégagement à celui qui est produit par 0 gr. 25 de carbonate de magnésie pur.

VI

Analyse de l'asphalte

L'asphalte est formé de calcaire imprégné de bitume ; les variétés impures renferment de l'argile, de la silice, de l'oxyde de fer, de l'oxyde de cuivre, etc.

Analyse de l'asphalte : 1° Dosage du bitume. — L'asphalte ayant été bien pulvérisé et desséché à 100 ou 110 degrés environ, est placé dans un verre (opérer sur 50 ou 100 grammes) ; on le mélange avec son poids de sulfure de carbone (on peut également employer l'essence de térébenthine récemment distillée); on agite avec une tige de verre, on laisse reposer et on filtre sur un filtre taré d'avance ; le dépôt qui reste dans le verre est traité de nouveau par du sulfure de carbone jusqu'à ce que ce liquide reste incolore. On agite, on laisse reposer et on filtre après chaque traitement au sulfure ; le sulfure reste incolore lorsque le bitume est entièrement épuisé. On fait alors passer à l'aide d'une plume ou d'un agitateur muni d'une bague, le dépôt sur le filtre ; on lave avec du sulfure de carbone, on sèche le filtre et on pèse. L'augmentation de poids du filtre donne le poids des matières étrangères renfermées dans l'asphalte. La différence entre le poids de la prise d'essai et le poids des matières donne le poids du bitume.

2° Dosage du calcaire. — Ce dosage s'effectue comme dans les terres.

VII

Analyse des eaux

La méthode d'analyse décrite ci-dessous donne rapidement d'utiles renseignements permettant de classer les différentes eaux et d'en déterminer les applications de toutes sortes.

Dosage de l'extrait total ou résidu total laissé par l'eau. — On évapore, au bain-marie ou au bain de sable, dans la capsule de porcelaine, tarée d'avance, 100 ou 200 centim. cubes de l'eau préalablement filtrée. On chauffe ensuite la capsule à 130 degrès jusqu'à ce qu'elle ne change plus de poids. L'augmentation de poids de la capsule donne le poids de l'*extrait total* ou *résidu laissé par l'eau*. Le poids de l'extrait total doit être autant que possible inférieur à 0 gram. 50 par litre ; lorsqu'il est compris entre 0 gram. 5 et 1 gramme, l'eau doit être considérée comme suspecte et s'il dépasse 1 gramme, l'eau est mauvaise pour l'alimentation.

Perte au rouge ou dosage des matières organiques et produits volatils. — La capsule renfermant l'extrait total est chauffée jusqu'au rouge à l'aide d'une lampe à alcool ou à gaz ; on observe s'il se forme des vapeurs à odeur empyreumatique, de l'ammoniaque et si le résidu brunit ou noircit ; ces caractères indiquent que l'eau renferme une notable proportion de matières organiques.

On calcine le résidu jusqu'à ce que les sels obtenus soient blancs ou jaunâtres. Le poids de l'extrait total diminué du poids du résidu calciné au rouge donne la perte au rouge ; elle est comptée comme *matière organique et produits volatils.*

D'après le comité consultatif d'hygiène, une eau *pure* renferme moins de 15 milligrammes de matière organique et de produits volatils par litre ; une eau *potable* ne doit pas en renfermer plus de 40 milligrammes ; une eau est *suspecte* lorsque le poids est compris entre 40 et 70 milligrammes ; enfin, l'eau doit être considérée comme *mauvaise* lorsque le poids est supérieur à 100 milligr.

Dosage des matières minérales totales et des matières organiques. — On ajoute au résidu obtenu au rouge quelques gouttes de carbonate d'ammoniaque afin de régénérer les carbonates terreux et on chauffe légèrement le tout bien mélangé jusqu'à ce que tout le liquide soit chassé ; le carbonate d'ammoniaque en excès est alors volatilisé ; on pèse le résidu obtenu et on obtient le poids total des *matières minérales* ; la différence entre le poids de l'extrait total à 130 degrés, et le poids des matières minérales donne le poids des *matières organiques proprement dites.*

EXEMPLE :

Une eau a donné : Extrait total par litre (température 130°). . . . . 0 gr. 275
— — Extrait après calcination au rouge . . . . 0 gr. 215
— — Extrait après régénération des carbonates par
le carbonate d'ammoniaque . . . . 0 gr. 250
D'où il résulte que l'eau renferme par litre :

Matières minérales . . . . 0 gr. 250
Matières organiques . . . . 0 gr. 025
Matière organique et produits volatils . . . . . . 0 gr. 060

Dosage des carbonates de chaux et de magnésie. — *Dureté temporaire.*
— Les eaux sont plus ou moins chargées de sels calcaires et magnésiens ; pour les besoins domestiques, on peut les diviser en *eaux dures* et en *eaux*

douces. On entend par dureté d'une eau la propriété que lui communiquent les sels de chaux et de magnésie ; les eaux dures en renferment une assez grande quantité et les eaux douces en renferment peu. On appelle *dure'é totale d'une eau* la dureté de l'eau non bouillie ; la *dureté permanente* est la dureté que conserve l'eau après son ébullition ; elle est due aux sels solubles de chaux et de magnésie. La *dureté temporaire* est celle qui est supprimée par l'ébullition de l'eau ; elle est due aux bicarbonates de chaux et de magnésie qui, par l'ébullition, se transforment en carbonates neutres insolubles qui se précipitent ; la dureté temporaire est donc égale à la différence entre la dureté totale et la dureté permanente.

Détermination de la dureté temporaire. — *Dosage du carbonate de chaux et du carbonate de magnésie.* — On fait d'abord une prise d'eau à examiner de 250 à 2000 centimètres cubes et on en remplit presque entière ment le ballon de verre ; on fait bouillir en remplaçant l'eau qui s'évapore par l'eau de la prise d'essai. Lorsque celle-ci est entièrement employée, on fait bouillir pendant une demi-heure, en remplaçant constamment l'eau évaporée par de l'eau distillée. Il se forme un dépôt composé surtout de carbonate de chaux et de carbonate de magnésie provenant de la transformation des bicarbonates. On filtre sur un filtre sec taré d'avance ; on pèse le filtre après dessiccation parfaite (à 130 degrés) ; l'augmentation de poids du filtre donne le poids du résidu qui caractérise la dureté temporaire de l'eau. On détermine les proportions de carbonate de chaux et de carbonate de magnésie en opérant sur ce résidu comme il est dit en IV. On passe au litre.

Application: Dans l'alimentation, les eaux potables ne doivent pas renfermer plus de 0 gramme 25 de carbonate de chaux par litre ; le carbonate de magnésie ne doit y exister qu'en très faible proportion.

Les eaux surchargées de bicarbonate de chaux cuisent mal les aliments et entravent la digestion ; en présence des oxalates et des phosphates, les sels calcaires en excès peuvent produire dans le sang et dans les reins, des corps qui se déposent lorsqu'ils sont en abondance (calculs). Enfin, l'excès des sels de magnésie peut donner dans le sang du phosphate ammoniaco-magnésie qui se précipite (dépôts).

Dans l'industrie, on doit généralement préférer les eaux les moins ca'caires ; les brasseries doivent autant que possible employer des eaux peu calcaires et peu riches en matières organiques.

Dosage du sulfate de chaux et du sulfate de magnésie. — On recueille l'eau qui a passé sous le filtre dans l'opération précédente, eau qui a été débarrassée des carbonates terreux ; on la verse dans le ballon de verre et on la réduit, par l'ébullition, au dixième environ de son volume. On la laisse refroidir et on l'additionne de son volume d'alcool à 80 degrés. Il se forme un précipité de sulfate de chaux et de sulfate de magnésie ; on filtre sur un filtre sec taré d'avance ; on lave le précipité à l'alcool en entraînant le léger dépôt qui peut rester dans le ballon ; on sèche le filtre à température peu élevée et on pèse. L'augmentation de poids du filtre donne le poids total de sulfate de chaux et de sulfate de magnésie. On arrose le précipité du filtre avec 2 ou 3 fois son poids d'eau puis avec de l'alcool ; le sulfate de chaux reste sur le filtre et le sulfate de magnésie passe sous le filtre. On dessèche le filtre et on pèse ; on a le poids du sulfate de chaux ; la différence de poids entre le poids total des sulfates et le poids de sulfate de chaux donne le poids de sulfate de magnésie.

Quelquefois, on remarque que lorsqu'on évapore au dixième un certain volume d'eau débarrassée des bicarbonates terreux, on obtient un dépôt de sels formé surtout de sulfate de chaux, de silicates d'alumine et d'un peu d'oxyde de fer. Ces sels forment les *crasses des machines à vapeur ;* ils ne doivent exister qu'en très faible proportion dans une bonne eau potable.

Les eaux surchargées de sulfates terreux troublent la digestion ; elles sont lourdes à l'estomac ; en outre, en présence des matières organiques, il peut y avoir réduction dans l'intestin et production d'hydrogène sulfuré et de sulfures. Les eaux qui renferment plus de 0 gr. 25 de sulfates par litre, ne doivent pas être employées dans l'alimentation.

Enfin, les eaux trop magnésiennes sont légèrement purgatives et affaiblissent l'économie ; lorsque le poids total des sels de magnésie dissous dans une eau est supérieur à 1 décigramme par litre, l'eau ne doit pas être utilisée comme boisson.

Dosage des chlorures de calcium et de magnésium. — Dosage des sels alcalins (carbonates de potasse et de soude). Le liquide alcoolique, obtenu plus haut après le lavage du résidu formé des sulfates de chaux et de magnésie, renferme les chlorures de calcium et de magnésium, s'il en existe dans l'eau, et les sels alcalins. On ajoute à ce liquide un peu d'ammoniaque, on y verse un léger excès de carbonate d'ammoniaque ; on fait bouillir, on évapore dans la capsule de porcelaine et on chauffe le résidu au rouge faible de façon que le fond de la capsule soit seulement rouge sombre. On reprend le résidu par de l'eau distillée et on filtre sur un filtre sec taré d'avance. *Sur le filtre* restent les carbonates de chaux et de magnésie ; on dessèche et on pèse ; l'augmentation de poids du filtre donne le poids total des carbonates correspondant aux chlorures de calcium et de magnésium. On détermine ensuite les poids de chaque carbonate en suivant la méthode indiquée en IV ; sachant que 55 grammes 5 de chlorure de calcium, renfermant 35 gr. 5 de chlore, correspondent à 50 grammes de carbonate de chaux et que 47 gr. 5 de chlorure de magnésium, renfermant 35 gr. 5 de chlore. correspondent à 42 grammes de carbonate de magnésie il est facile de calculer, par de simples règles de trois, les poids de chlorure de calcium et de chlorure de magnésium renfermés dans la prise d'essai, et le poids total du chlore provenant de ces chlorures. Si l'on craint que, par une calcination prolongée, il ne se soit produit un peu de chaux et de magnésie caustiques. on humecte le résidu avec quelques gouttes d'eau dans la capsule de porcelaine. on ajoute un peu de carbonate d'ammoniaque ; puis on évapore lentement et on calcine de nouveau le résidu au rouge faible.

Le comité consultatif d'hygiène a fixé les limites suivantes : Une eau *pure* renferme moins de 15 millig. de chlore par litre ; une eau *potable* moins de 40 milligr. ; une eau doit être considérée comme *suspecte* quand elle en contient de 50 à 100 milligr ; et enfin, une eau est *mauvaise* lorsque le poids du chlore est supérieur à 100 milligrammes par litre.

Sels alcalins. — Sous le filtre, passent les sels alcalins ; par évaporation et par calcination du résidu de la liqueur filtrée on obtient le *poids des sels alcalins.* On peut y doser, comme dans les cendres, les carbonates de potasse et de soude.

Dosage de l'acide carbonique total, de l'acide carbonique libre et de l'acide à l'état de bicarbonates. On prépare d'abord un mélange de 200 centimètres cubes d'une solution au dixième de chlorure de baryum et de 100 centimètres cubes d'ammoniaque. On prend 20 centimètres cubes environ de cette solution et on les verse dans le grand flacon du calcimètre Trubert. On ferme parfaitement le flacon et on le tare. On remplit ensuite le flacon de l'eau à examiner et on le ferme hermétiquement ; l'augmentation de poids donne le poids de la prise d'eau. On agite ; l'acide carbonique total est transformé en carbonate de baryte. La liqueur est laissée au repos pendant deux jours et filtrée ; le filtre et son précipité sont introduits dans le flacon A (fig. 1) et on décompose le carbonate de baryte comme il est dit en V. On évalue le volume et le poids d'acide carbonique ; on a alors le poids total d'acide carbonique libre et combiné. On obtient le poids d'acide carbonique combiné, en recueillant, après ébullition, les carbonates de chaux et de magnésie comme il est indiqué plus haut et en décomposant ce dépôt filtré dans le calcimètre. Le poids d'acide carbonique est doublé, ce qui donne le poids d'acide carbonique existant à l'état de bicarbonates terreux. La différence entre le poids total de l'acide carbonique et combiné et celui des bicarbonates, donne le poids de l'acide carbonique libre.

Dosage de l'acide nitrique. On concentre 1 ou 2 litres d'eau, après avoir ajouté 1 gramme de soude ou de potasse caustique, jusqu'à réduction à 25 centimètres cubes et on dose l'acide nitrique comme il est dit en IX.

Dosage de la silice. On évapore au bain-marie 500 à 1000 centimètres cubes d'eau légèrement acidulée avec de l'acide chlorhydrique. Le résidu obtenu est arrosé avec précaution, avec de l'acide chlorhydrique étendu. On évapore à siccité au bain-marie et on lave le résidu avec de l'eau additionnée d'acide chlorhydrique et bouillante ; on filtre en faisant passer tout le résidu sur le filtre ; on lave ce résidu, on sèche, on calcine et on pèse la silice. — Les eaux chargées de silice paraissent développer la carie des dents ; en effet cette affection est très répandue dans certaines régions siliceuses par exemple, dans le Noyonnais où les eaux ne renferment jamais moins de 0 gr. 014 de silice par litre.

ENGRAIS

VIII

Analyse des phosphates naturels (tricalciques)

Dosage de l'acide phosphorique total. Le phosphate étant finement pulvérisé, on en introduit 2 grammes dans le ballon de l'appareil (1); on verse peu à peu sur le phosphate 10 à 15 centimètres cubes d'acide chlorhydrique; on agite; s'il y a des carbonates il se produit une effervescence; on évite les pertes par projection en plaçant dans le goulot la petite boule de verre jointe au nécessaire. Lorsque l'effervescence est calmée, on porte à l'ébullition en chauffant doucement le ballon. Après 10 minutes d'ébullition, on laisse refroidir et on ajoute 40 centimètres cubes d'eau en agitant dans le ballon; on filtre sur un petit filtre sans plis supporté par un entonnoir placé sur l'éprouvette graduée (le flacon droit de l'appareil peut servir de support à l'éprouvette). On lave le filtre 5 ou 6 fois chaque fois avec environ 5 centimètres cubes d'eau chauffée et agitée dans le ballon d'attaque. Après refroidissement, on ajoute de l'eau distillée au liquide total, solution et eaux de lavage, de manière que le volume soit égal à 100 centimètres cubes; on mélange bien; 50 centimètres cubes de ce liquide correspondent évidemment à 1 gramme de phosphate. On en verse 50 centimètres cubes dans un verre et on y ajoute de l'ammoniaque en excès jusqu'à ce qu'il se produise un trouble; on agite, puis on ajoute une solution d'acide citrique à 25 pour 100, en agitant constamment jusqu'au moment où le trouble disparaît (l'acide citrique a pour but de maintenir en solution la chaux, l'alumine et l'oxyde de fer). On ajoute de nouveau de l'ammoniaque par petites quantités, de façon à en avoir toujours un excès; si la liqueur ne se trouble plus par ces additions c'est qu'elle renferme assez de citrate d'ammoniaque pour que la dissolution de la chaux, du fer et de l'alumine soit complète; si, au contraire, il se produit encore un trouble par l'addition d'ammoniaque, il faut encore ajouter de l'acide citrique et ainsi plusieurs fois, s'il y a lieu jusqu'à ce que la liqueur reste claire par l'addition d'ammoniaque; il peut toutefois se former un précipité blanc cristallin de phosphate ammoniaco-magnésien si le phosphate analysé renferme de la magnésie; ce précipité se distingue facilement et il y a pas lieu de s'en préoccuper. On ajoute alors à la liqueur claire 30 cent. cubes d'ammoniaque et 15 à 20 cent. cubes d'une solution à 10 pour cent de chlorure de magnésium. On agite vivement avec l'agitateur en verre sans frotter la paroi du verre (aux points de contact, il se formerait un dépôt très adhérent). On couvre le verre avec une plaque ou une cloche et on laisse reposer pendant 12 heures au moins. Au bout de 12 heures, l'acide phosphorique est précipité à l'état de phosphate ammoniaco-magnésien; on filtre sur un petit filtre sans plis, et, à l'aide d'une barbe de plume, on fait tomber le dépôt du verre sur le filtre. On lave ensuite le dépôt du filtre avec 15 à 20 centimètres cubes d'eau, contenant un tiers de son volume d'ammoniaque puis avec un volume égal d'alcool; finalement, une goutte du liquide filtré ne doit pas laisser de résidu par évaporation dans la petite capsule. Le filtre et son contenu ainsi lavés sont introduits dans le flacon A de l'appareil Trubert (fig. 1); on décompose le phosphate ammoniaco magnésien par l'hypobromite de soude en suivant les précautions indiquées en X. On évalue le dégagement et par suite le poids d'azote; sachant que 14 grammes d'azote correspondent à 71 .

---

(1) Lorsqu'on n'a pas de balance de précision on attaque 20 grammes de phosphate pulvérisé par une quantité suffisante d'acide chlorhydrique. On s'arrange de façon à avoir 1 litre de liqueur filtrée froide : 50 cent. cubes de cette liqueur correspondent à 1 gramme de phosphate.

grammes d'acide phosp'iorique anhydre, on peut calculer facilement le poids d'acide phosphorique contenu dans 1 gramme de substance. On peut également comparer le dégagement gazeux à celui qui est produit par une solution titrée de chlorhydrate d'ammoniaque décomposée dans les mêmes conditions (voir en X); cette manière d'opérer dispense de faire les observations barométriques et thermométriques.

Dosage des carbonates de chaux et de magnésie (voir en IV).

Analyse des superphosphates.

Les superphosphates proviennent de l'attaque des phosphates naturels par l'acide sulfurique; suivant la durée de l'attaque et la quantité d'acide employée, ils renferment de l'acide phosphorique libre, du phosphate monocalcique et du phosphate bicalcique ; il peut rester du phosphate tricalcique non attaqué (1). Enfin, lorsqu'on conserve un superphosphate, on peut remarquer qu'une partie de l'acide phosphorique à l'état libre ou à l'état de phosphate monocalcique, soluble dans l'eau, passe à l'état de phosphate bicalcique insoluble dans l'eau; on dit que l'acide phosphorique ainsi tranformé est *rétrogradé*. Cette rétrogradation est due à la réaction du phosphate tricalcique ; en même temps, l'alumine et le sesquioxyde de fer donnent des phosphates insolubles (Millot). Ces phosphates rétrogradés sont néanmoins plus actifs que le phosphate tricalcique qui n'a jamais subi l'action de l'acide sulfurique. Il y a donc lieu de déterminer dans un superphosphate : l'acide phosphorique total, l'acide phosphorique actuellement soluble dans l'eau et l'acide phosphorique rétrogradé.

1º *Dosage de l'acide phosphorique total.* On opère comme dans les phosphates naturels.

2º *Dosage de l'acide phosphorique soluble dans l'eau.* A l'aide d'un agitateur en verre, on délaye avec soin 2 grammes de superphosphate, dans la petite capsule de porcelaine ou dans un mortier de verre, avec 10 centimètres cubes d'eau distillée ; on laisse reposer pendant une minute et on décante sur un petit filtre sans pli ; ce filtre est placé sur l'entonnoir que l'on dispose sur l'éprouvette graduée ; on recommence 4 ou 5 fois; on broie très finement la matière jusqu'à ce qu'on ne sente plus de grains résistants sous l'agitateur et on la fait passer à l'aide d'une barbe de plume sur le filtre ; on lave le résidu et le filtre jusqu'à ce que l'on ait en tout 100 cent. cubes de liqueur filtrée : 50 cent. cubes de cette liqueur correspondent donc à 1 gramme de superphosphate. On dose l'acide phosphorique dans 50 cent cubes de la solution en opérant comme pour le dosage de l'acide phosphorique total.

3' *Dosage de l'acide phosphorique soluble dans l'eau et de l'acide phosphorique rétrogradé.* On emploie le citrate d'ammoniaque qui dissout l'acide phosphorique souble dans l'eau et l'acide phosphorique rétrogradé. On prépare d'abord la *solution de citrate d'ammoniaque* ; à cet effet on dissout 40 grammes d'acide citrique cristallisé dans 50 centimètres cubes d'ammoniaque ; lorsque la dissolution est complète et la liqueur froide, on complète le volume à 100 centimètres cubes avec de l'ammoniaque. On délaye alors 1 gramme de superphosphate dans 40 centimètres cubes de citrate d'ammoniaque ajouté goutte à goutte dans la capsule de porcelaine; le liquide trouble

(1) Pour transformer intégralement le phosphate tricalcique en phosphate monocalcique, il fau employer les quantités suivantes d'acide sulfurique à 53 degrés Baumé :

Pour 100 parties de phosphate tribasique de chaux.... 93 p. 5.
— de carbonate de chaux............. 147 p. 7.
— de carbonate de magnésie........... 173 p. 4.
— de fluorure de calcium .... 186 p. 5.

est transvasé dans le ballon de verre ; on lave la capsule et l'agitateur avec de petites quantités d'eau distillée que l'on réunit à la liqueur primitive dans le ballon (environ 15 à 20 cent. cubes d'eau) ; on laisse reposer une heure, en ayant soin d'agiter fréquemment. On filtre en recevant la liqueur filtrée dans l'éprouvette graduée ; on lave le ballon avec un peu d'eau distillée que l'on verse sur le filtre ; on dose l'acide phosphorique dans la liqueur filtrée en opérant comme pour le dosage de l'acide phosphorique total.

La différence entre le poids d'acide phosphorique soluble dans le citrate et le poids d'acide phosphorique soluble dans l'eau, donne le poids d'acide phosphorique rétrogradé.

Dosage de l'acide phosphorique dans les engrais azotés tels que guanos, poudrettes, engrais superazotés, etc.

On pèse 2 grammes de substance, on les mélange dans la capsule de porcelaine avec un décigramme environ de chaux éteinte ; on imbibe la masse d'une dizaine de gouttes d'eau, on sèche au bain de sable et on chauffe le résidu au rouge. Après refroidissement, on détache la matière et on la fait tomber dans le ballon d'attaque. On dose l'acide phosphorique en opérant comme dans le cas des phosphates naturels en ayant soin de laver la capsule avec de l'acide chlorhydrique que l'on verse ensuite dans le ballon.

Si la matière était peu riche en acide phosphorique, on précipiterait le phosphate ammoniaco-magnésien dans la liqueur totale correspondant à 2 grammes de substance.

Scories de déphosphoration.

Dosage de l'acide phosphorique. — Ce dosage se fait comme celui d'un phosphate naturel ; mais on transforme préalablement le fer en sesquioxyde. A cet effet, on dissout 2 grammes de substance finement pulvérisée dans de l'acide chlorhydrique que l'on porte à l'ébullition ; on ajoute ensuite environ 10 centimètres cubes d'acide azotique ; on filtre, on complète à 100 centimètres cubes avec de l'eau distillée ; on dose l'acide phosphorique sur 50 centimètres cubes de liqueur en opérant comme dans le cas des phosphates naturels.

Phosphate de Redonda.

Le phosphate de Redonda, dont il existe de grands gisements dans l'Amérique du Sud, est du phosphate d'alumine hydraté, insoluble dans l'eau froide, soluble dans les acides et dans le citrate d'ammoniaque. D'après M. Grandeau, l'emploi agricole de ce phosphate n'élève pas les rendements culturaux ; cette substance ne peut donc pas remplacer, comme engrais, les phosphates de chaux.

Ce phosphate, qui renferme en moyenne 35 pour 100 d'acide phosphorique soluble dans le citrate, ne sert qu'à frauder les scories et les phosphates précipités vendus à bon marché ; il est de couleur saumon ou jaune-rougeâtre.

Pour doser l'acide phosphorique dit assimilable, M. Wagner a conseillé l'emploi de citrate d'ammoniaque additionné de 5 pour cent d'acide citrique. Ce mélange dissout le phosphate bibasique du phosphate précipité et le phosphate des scories et ne dissout pas le phosphate d'alumine. On opère le dosage comme dans le cas des superphosphates.

Emploi des phosphates en agriculture.

En comparant la richesse des terres en acide phosphorique, on a été amené à distinguer (de Gasparin, Risler) :

1° Les terres très riches, renfermant plus de 2 pour 1000 d'acide phosphorique, insensibles à l'apport des engrais phosphatés ;

2° Les terres riches, renfermant de 1 à 2 millièmes d'acide phosphorique, peu sensibles à l'apport des engrais phosphatés ;

3° Les terres moyennement riches, renfermant de 0,5 à 1 pour 1000 d'acide phosphorique, assez sensibles à l'apport des engrais phosphatés ;

4° Les terres pauvres, renfermant de 0,5 à 0,1 pour 1.000 d'acide phospho-rique, améliorés d'une façon sensible par l'apport d'engrais phosphatés ;

5° Les terres très pauvres, renfermant moins de 0,1 pour 1.000 d'acide phosphorique, améliorés complètement par l'apport des phosphates.

En général, dans les terres qui renferment 1 millième d'acide phosphorique, il suffit de remplacer l'acide phosphorique enlevé par les récoltes.

Dans les terres de défrichement, d'ordinaire riches en matières organiques, il faut toujours employer les phosphates naturels (dose 300 à 400 kilos à l'hectare), ou le noir animal (dose 200 à 300 kilos à l'hectare), ou les scories de déphosphoration (50) kilos à l'hectare). Les phosphates doivent être distribués une année avant la marne ou la chaux

Dans les terres non calcaires, on emploie les scories de déphosphoration ou les phosphates précipités (dose 300 à 400 kilos à l'hectare).

Dans les terres calcaires, on emploie les superphosphates (300 kilos à l'hectare pour betteraves ou pommes de terre, 200 à 300 kilos pour le blé). Enfin, l'addition de phosphates à une bonne fumure de fumier de ferme est en général très avantageuse pour les terres pauvres en acide phosphorique.

IX
Analyse des nitrates. — Dosage de l'acide nitrique

L'appareil Trubert peut servir au dosage de l'azote nitrique de deux façons différentes : 1° Par transformation de l'acide nitrique en bioxyde d'azote en présence de protochlorure de fer et d'acide chlorhydrique; 2° Par transformation de l'acide nitrique en ammoniaque en présence d'hydrogène.

1re MÉTHODE

Principe de la méthode : En faisant réagir un nitrate ou de l'acide nitrique sur une dissolution de protochlorure de fer renfermant un excès d'acide chlorhydrique, il se dégage du bioxyde d'azote ; le bioxyde est recueilli dans une cloche graduée et mesurée. Connaissant le volume de bioxyde d'azote dégagé par la prise d'essai, on calcule le poids de nitrate, d'acide nitrique ou d'azote nitrique.

Description et montage de l'appareil Trubert [1]. — On prend un petit ballon de verre L de 150 à 250 centimètres cubes; on le ferme par un bouchon de caoutchouc percé de 2 orifices : l'un est traversé par un tube I C D deux fois recourbé qui sert au dégagement des gaz ; l'autre est traversé par un petit entonnoir H terminé en biseau. L'entonnoir peut être fermé à volonté par une petite tige de verre *b* terminée par une partie conique ; cette partie conique est munie d'une bague de caoutchouc pouvant fermer hermétiquement le tube de l'entonnoir (voir figure 2).

Le tube à dégagement I C D est muni d'un crochet qui peut s'engager sous une

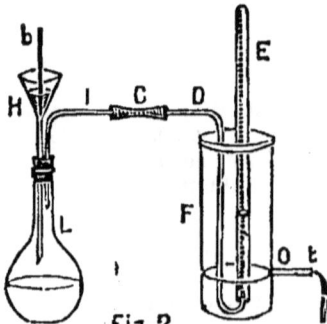

Fig. 2.

---

[1] Cet appareil est une modification de l'appareil Schlœsing et de l'appareil Wagner.

éprouvette graduée E pleine d'eau reposant sur la petite cuve d'eau F à niveau constant ; celle-ci renferme de l'eau froide jusqu'en O ; un petit tube ouvert *t* muni d'une bague de caoutchouc laisser échapper l'excès d'eau.

Manière d'opérer. — On prépare d'abord la solution de *protochorure de fer ;* à cet effet, on attaque 40 grammes de petits clous par l'acide chlorhydrique, au bain de sable ; l'acide est versé par petites portions jusqu'à dissolution du fer (l'attaque se fait dans le ballon de l'appareil ; on place le ballon dans une casserole renfermant du sable ; cette casserole est placée sur le feu ou sur un brûleur à gaz). On filtre, on lave le filtre et on complète le volume à 200 centimètres cubes avec de l'eau. Cette liqueur s'altère très rapidement ; on doit la conserver à l'abri de l'air ; on la renouvelle dès qu'elle prend une teinte un peu foncée. On peut attaquer le fer avec de l'acide chlorhydrique étendu, si l'action est trop vive.

On procède ensuite à l'analyse du nitrate de la manière suivante :

1. *Analyse d'un nitrate de soude commercial.* — On dissout 6 grammes de nitrate dans une quantité d'eau telle que l'on ait 100 centimètres cubes de solution froide (60 grammes par litre) ; 5 centim. cubes de cette solution renferment donc 0 gram. 3 du nitrate à essayer.

On monte l'appareil comme l'indique la figure 2, sans placer l'éprouvette graduée ; puis, on introduit dans le ballon L par l'entonnoir 30 cent cubes de la dissolution de protochlorure de fer et 30 cent. cubes d'acide chlorhydrique ; on ferme l'entonnoir avec la tige *b*, puis on verse dans l'entonnoir 5 à 10 cent. cubes d'acide chlorhydrique et on soulève légèrement la petite tige *b* de manière à remplir d'acide le tube de l'entonnoir ; on ferme ensuite complètement le tube ainsi rempli en appuyant sur la tige ; on a soin de fermer avant que tout l'acide soit écoulé de l'entonnoir. On fait bouillir le liquide du ballon afin de chasser complètement l'air (on chauffe au gaz, à la lampe à alcool ou au bain de sable). Ce résultat est atteint lorsque le tube à dégagement ne laisse plus dégager que de la vapeur d'eau et de l'acide chlorhydrique. On peut d'ailleurs s'assurer que l'air est entièrement chassé en plaçant un tube à essai plein d'eau sur l'orifice du tube à dégagement. En même temps on fait tomber quelques gouttes d acide chlorhydrique par le tube de l'entonnoir, en espaçant chaque goutte ; on est sûr alors qu'il n'y a plus d'air dans ce tube. On ferme ensuite ce tube.

Lorsque l'air est chassé, on place l'éprouvette de 100 cent. cubes remplie d'eau au-dessus de l'extrémité du crochet ; il faut avoir soin d'ajouter de l'eau froide dans la cuve, l'excès d'eau s'écoule par l'orifice O ; on peut d'ailleurs faire arriver un courant continu d'eau froide ; on évite ainsi l'échauffement de l'eau de la cuve. On introduit alors dans l'entonnoir 5 cent. cubes de la solution de nitrate ; on soulève légèrement la tige *b* et on laisse couler goutte à goutte le liquide de l'entonnoir ; mais avant que l'entonnoir ne soit complètement vide, on le rince 2 ou 3 fois avec 10 cent. cubes d'acide chlorhydrique environ ; on laisse écouler cet acide goutte à goutte afin d'éviter un trop grand refroidissement qui produirait une absorption. Finalement, lorsque le rinçage est suffisant, avant que l'entonnoir ne soit vide, on appuie sur la tige *b* pour fermer hermétiquement le tube de l'entonnoir. Le bioxyde d'azote formé se dégage dans l'éprouvette. Pendant toutes ces opérations, on continue à chauffer et on remplace de temps en temps l'eau de la cuve par de l'eau froide ; lorsque le dégagement gazeux a complètement cessé, on maintient l'ébullition pendant une minute environ et on cesse de chauffer après avoir retiré la tige *b* ; on évite ainsi l'absorption. On procède alors à la lecture du gaz recueilli dans l'éprouvette. A cet effet, on ferme l'orifice O et on ajoute de l'eau froide dans la cuve en arrosant l'éprouvette (on peut mettre la cuve et l'éprouvette sous un robinet d'eau froide). On égalise les niveaux de l'eau dans la cuve et dans l'éprouvette, on lit le volume; on note la température de l'eau de la cuve ainsi que la hauteur du baromètre. (1) EXEMPLE : 5 cent. cubes de nitrate de soude commercial (soit 0 gr. 3 de substance) ont produit un dégagement de 80 centimètres cubes de bioxyde d'azote saturé de vapeur d'eau. La température de l'eau de la cuve étant 12 degrés et la hauteur barométrique 762, on peut calculer le volume correspondant de bioxyde d'azote sec à zéro degré, sous la pression 760. Il suffit de faire usage du tableau final. Ce tableau montre que 1 cent. cube de gaz saturé de vapeur d'eau à 12 degrés, sous la pression 762, équivaut à 0 cent. cube 9472 de gaz sec à zéro degré, sous la pression 760 ; donc 80 cent. cubes correspondent à : $0,9472 \times 80 = 75^{\text{cc}} 77$ de gaz sec. Or, 1 centimètre cube de bioxyde d'azote sec à zéro degré, sous la pression 760, correspond à 3 milligr. 805 de nitrate de soude pur, à 2 milligr. 417 d'acide nitrique anhydre ou à 0 milligr. 627 d'azote nitrique ; par suite, le poids de nitrate de soude pur renfermé dans la prise d'essai de 0 gr. 3 est de : $3,805 \times 75,77 = 288$ milligr 3 ou

0 gr. 2883. 100 gr. de substance renferment donc : $\dfrac{0,2883 \times 100}{0\ 3} = 96$ gr. 1

de nitrate de soude pur, soit 96,1 %. C'est le degré du nitrate essayé.

Remarque. — On peut éviter les calculs précédents en faisant une deuxième opération identique avec 5 cent. cubes d'une solution obtenue en dissolvant 6 grammes de nitrate de soude pur dans une quantité d'eau suffisante pour que l'on ait 100 centimètres cubes de liqueur. Il est inutile de changer le liquide du ballon qui peut servir plusieurs fois en ayant soin de remplacer l'acide chlorhydrique disparu par distillation ; il suffit de maintenir sensiblement constant, par addition d'acide chlorhydrique, le niveau du liquide dans le ballon.

Supposons que 5 cent. cubes de la solution de nitrate pur ait produit un dégagement de 83 cent. cubes 2 ; dans les mêmes conditions, 5 cent. cubes de la solution de nitrate commercial renferme donc les $\dfrac{80}{83,2}$ de son poids de nitrate de soude pur, soit 96,15 %

Cette manière d'opérer évite l'emploi du baromètre et du thermomètre.

Falsifications du nitrate de soude. — Le nitrate de soude du commerce est coloré en brun. d'un aspect sale et toujours humide ; il renferme de 1 à 6 % d'impuretés. On le falsifie avec du sel marin, du carbonate de soude, du sulfate de soude ou du sulfate de magnésie. Les chlorures ayant une influence nuisible sur la végétation, il importe que leur proportion ne dépasse pas 1 à 2 %.

Dosage des impuretés. — 1° *Eau :* On met 5 grammes de nitrate de soude pulvérisé dans une capsule tarée ; on chauffe à 120 ou 130 degrés jusqu'à ce que le poids de la capsule reste constant. On pèse : la différence de poids indique la perte d'eau.

2° *Matières insolubles.* — On traite 50 grammes de nitrate par l'eau bouillante, on filtre ; les matières insolubles restent sur le filtre qui est taré d'avance ; on lave ce résidu, on sèche et on pèse. La différence de poids du filtre donne le poids des matières insolubles.

3° *Sulfate de soude.* — La liqueur filtrée ayant servi au dosage des matières insolubles est complétée à 100 centimètres cubes par de l'eau

(1) On peut s'assurer que le gaz obtenu est pur en introduisant dans l'éprouvette un petit fragment de sulfate de fer que l'on agite ; on replonge l'éprouvette dans l'eau qui, peu à peu, remplace le gaz absorbé, il reste habituellement dans l'éprouvette un très faible volume de gaz non absorbé dont on tient compte s'il y a lieu.

distillée ; dans 50 cent. cubes de cette solution on dose le sulfate de soude comme il est dit en XII.

4° *Carbonate de soude.* — On le dose comme dans les soudes commerciales (voir en XV).

5° *Chlorure de sodium.* — *1er moyen* : Prendre 25 cent. cubes de la solution filtrée séparée des matières insolubles ; on dose le chlore à l'aide d'une solution de nitrate d'argent. On recueille le chlorure d'argent, on le lave, on le sèche jusqu'à poids constant et on le pèse. Sachant que 35 grammes 5 de chlore correspondent à 143 gram. 5 de chlorure d'argent et à 58 gram. 5 de chlorure de sodium, on peut calculer le poids de chlore ou de chlorure de sodium renfermé dans l'échantillon.

2e moyen. — On transforme le chlorure de sodium en sulfate de soude par l'acide sulfurique en opérant comme pour la transformation du chlorure de potassium en sulfate de potasse (voir en XIII). Le nitrate et le carbonate de soude sont alors transformés en sulfate (opérer sur 5 cent. cubes de la solution du nitrate dans l'eau, c'est-à-dire sur 0 gr. 3 de substance). Le sulfate de soude est ensuite transformé en carbonate comme il est indiqué en XII. (Voir dosage du sulfate de potasse et du sulfate de soude). On dose le carbonate formé. Le poids obtenu correspond au nitrate, au sulfate, au carbonate et au chlorure de sodium renfermés dans l'échantillon. Sachant que 85 grammes de nitrate, 71 grammes de sulfate, 58 gr. 5 de chlorure de sodium correspondent à 22 grammes d'acide carbonique ou à 53 grammes de carbonate de soude, il est facile de calculer par différence le poids de chlorure de sodium ; il suffit de doser préalablement le nitrate, le sulfate et le carbonate de soude, renfermés dans la prise d'essai, de calculer le poids total de carbonate de soude correspondant et de retrancher ce poids du poids trouvé plus haut ; la différence donne le poids de carbonate de soude correspondant au chlorure de sodium ; on le transforme alors en chlorure de sodium.

Composition moyenne du nitrate de soude du commerce :

Nitrate de soude pur. .... 94 à 97 °/₀, soit 94 à 95 degrés.
Chlorure de sodium....... 1 à 1,5 °/₀.
Sulfate de soude.......... 0,1 à 0,25 °/₀.
Matières insolubles ...... 0,05 à 0,25 °/₀.
Humidité............... 1 à 2 °/₀.

II. *Dosage du nitrate de soude dans un engrais complexe.*

1er cas. — *Engrais riche en nitrate.* — On pèse 6 grammes d'engrais, on les broie dans un mortier, puis on ajoute de l'eau en lavant à plusieurs reprises (environ 15 cent. cubes d'eau à chaque reprise). Tous les liquides décantés sont filtrés ; le tout est complété par de l'eau à 100 centimètres cubes. On opère sur la solution ainsi complétée et bien mélangée, comme dans le cas du nitrate naturel (prendre 5, 10, 15... centimètres cubes de la solution suivant la richesse présumée, de façon à obtenir un dégagement gazeux suffisant). On peut prendre 60 grammes de substance pour 1000 cent. cubes ou 1 litre.

2° cas. — *Engrais pauvre en nitrate et renfermant des superphosphates.* — On prépare une solution de 100 cent. cubes comme dans le cas précédent. On ajoute de la chaux éteinte par petites portions jusqu'à ce que le papier rouge de tournesol soit bleui ; cette addition a pour but d'empêcher l'acide nitrique d'être déplacé par l'acide sulfurique ou l'acide phosphorique dans le cas où il y aurait du superphosphate. On traite 50 cent. cubes de la solution comme, dans le cas précédent ; on peut réduire, s'il y a lieu, par évaporation, le volume de la solution et opérer, si l'engrais est très pauvre en nitrate, comme dans le cas du dosage des nitrates dans les terres. (Voir plus bas.)

Cas particuliers : 1° *Engrais riches en nitrates.* — Si les engrais renferment des carbonates solubles, l'acide carbonique, en se dégageant, augmente le volume de bioxyde d'azote ; on obtient alors un résultat trop élevé. On peut s'en assurer en dissolvant 4 à 5 grammes d'engrais dans 20 cent. cubes d'eau et en ajoutant dans le liquide filtré de l'acide chlorhydrique étendu ou du vinaigre ; s'il se produit des bulles gazeuses, il y a des carbonates. On évalue le dégagement d'acide carbonique dans le calcimètre à la manière habituelle.

Si l'engrais renferme des carbonates, on fait la trituration de l'engrais avec de l'eau contenant 3 à 4 % d'acide chlorhydrique. Lorsque l'effervescence a cessé, la liqueur restant acide, on filtre, on lave le résidu à l'eau pure et on complète le liquide filtré à 100 cent. cubes.

2° *Engrais pauvres en nitrates et renfermant des carbonates.* Si l'on traite ces engrais par de l'eau aiguisée de 3 à 4 % d'acide chlorhydrique, il peut y avoir perte d'acide azotique ; on fait alors une dissolution de l'engrais dans l'eau pure, on la concentre par évaporation en la réduisant à un volume assez petit et on ajoute de l'acide acétique qui décompose les carbonates ; la liqueur obtenue est amenée à un volume déterminé par addition d'eau et on fait le dosage du nitrate comme plus haut.

3° *Guanos ou matières renfermant de l'acide oxalique.* — L'acide oxalique pouvant donner un dégagement d'oxyde de carbone et d'acide carbonique, on ajoute de la chaux à la matière avant la dissolution dans l'eau ; l'acide oxalique donne de l'oxalate de chaux; on filtre après dissolution et on dose les nitrates dans la liqueur filtrée comme précédemment.

II *Dosages des nitrates dans les terres.*

D'après les travaux de M. Dehérain (1), « les nitrates prennent constamment naissance dans une terre fertile, mais ils sont très solubles dans l'eau, facilement entraînés dans le sous sol, de telle sorte que leur détermination ne donnera pas des indications bien utiles sur la fertilité de la terre considérée, à moins que les recherches ne soient répétées à de nombreuses reprises ; en effet, si l'échantillon de terre a été recueilli après des pluies prolongées, l'analyse pourra n'accuser aucune trace de nitrate dans un sol qui en aurait, au contraire, contenu des quantités notables si l'échantillon avait été pris après une sécheresse. L'analyse des eaux de drainage naturelles ou artificielles donne seule des renseignements précis sur la formation des nitrates dans une terre dont on veut connaître la fertilité. »

Manière d'opérer. — On lave, par de petites quantités d'eau pure 20 grammes de terre fine placée sur un petit entonnoir garni d'un tampon d'amiante, on fait passer 40 à 50 centimètres cubes d'eau.

On peut également mettre 20 grammes de terre fine dans un flacon fermé par un bouchon, on ajoute de l'eau et on laisse en contact pendant 24 heures en ayant soin d'agiter fréquemment.

Dans les deux cas, on concentre la liqueur obtenue de façon à la réduire à 10 ou 15 centimètres cubes et on dose l'acide nitrique comme dans les engrais en ajoutant d'abord quelques gouttes d'acide acétique pour détruire les carbonates.

On opère de même pour doser l'acide nitrique dans les eaux de drainage ou dans les eaux naturelles : on les concentre par évaporation.

---

(1) Dehérain : Traité de chimie agricole, page 380. — Masson, éditeur.

Dosage du nitrate de potasse

Le dosage de l'azote nitrique se fait comme celui de l'azote dans le nitrate de soude. On opère sur 5 cent. cubes d'une solution renfermant 8 grammes du nitrate par 100 cent. cubes ou 80 gram. par litre ; 5 cent. cubes de la solution correspondent donc à 0 gr. 4 de substance.

On évalue le dégagement de bioxyde d'azote soit en tenant compte de la pression, soit en le comparant au dégagement donné par 6 gr. 4 de nitrate de potasse pur. Pour calculer le poids de nitrate de potasse pur renfermé dans la prise d'essai, il suffit de se rappeler que 1 centim. cube de bioxyde d'azote sec à zéro degré, sous la pression 760, correspond à 4 milligr. 521 de nitrate de potasse pur, à 2 milligr. 417 d'acide nitrique anhydre ou à 0 milligr. 627 d'azote nitrique. Connaissant le poids de nitrate de potasse pur renfermé dans 0 gr. 4, on en déduit le tant pour cent, c'est-à-dire le degré.

2e MÉTHODE

Méthode basée sur la transformation de l'acide nitrique en ammoniaque en présence de l'hydrogène.

Principe de la méthode. — On sait que l'hydrogène libre décompose l'acide nitrique en donnant de l'eau et de l'ammoniaque ; donc, si l'on ajoute de l'acide nitrique ou un nitrate dans le flacon où l'on prépare de l'hydrogène, le dégagement d'hydrogène se ralentit jusqu'à ce que tout l'acide nitrique soit transformé. De la quantité d'azote combiné avec l'hydrogène, on en déduit la richesse du nitrate.

Emploi de la limaille d'aluminium. — Lorsqu'on dissout de l'aluminium dans une solution de potasse ou de soude caustiques, il se produit un dégagement d'hydrogène avec formation d'aluminate de soude. Si le mélange renferme de l'acide nitrique ou un nitrate, l'hydrogène naissant se combine à l'azote en donnant de l'ammoniaque et de l'eau et l'on obtient un plus faible dégagement d'hydrogène.

8 grammes d'hydrogène transforment complètement 54 gr. d'acide nitrique (réaction :

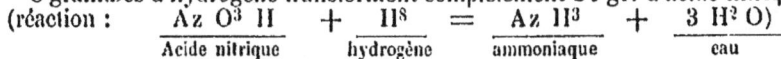

$$\underset{\text{Acide nitrique}}{Az\ O^3\ H} \quad + \quad \underset{\text{hydrogène}}{H^8} \quad = \quad \underset{\text{ammoniaque}}{Az\ H^3} \quad + \quad \underset{\text{eau}}{3\ H^2\ O})$$

De la quantité d'hydrogène disparu, on en déduit la quantité d'azote combiné à l'hydrogène et par suite la richesse en nitrate.

Manière d'opérer. — Il y a deux cas à distinguer :

1° Cas d'un nitrate dépourvu de substance organique (exemples : nitrate de soude naturel, nitrate de potasse, poudre ordinaire.)

2° Cas d'un nitrate renfermant des matières organiques exemples : engrais organiques renfermant des nitrates.)

1er *Cas.* — On prépare de la limaille d'aluminium dont on enlève les parcelles de fer avec un aimant. On introduit dans le flacon droit A de l'appareil Trubert (fig. 1), 50 milligrammes d'aluminium ainsi préparé ; on verse ensuite dans la jauge J cinq centimètres cubes de lessive de soude ou de potasse (cette lessive est obtenue en dissolvant 25 grammes de soude caustique dans 100 grammes d'eau) et on introduit la jauge dans le flacon A. On ferme le flacon avec le bouchon muni du tube à dégagement, et, lorsque l'équilibre est établi, on place l'éprouvette graduée E pleine d'eau sur l'orifice de dégagement. On incline le flacon A de manière à verser la lessive de soude sur l'aluminium. Il se produit un dégagement assez lent d'hydrogène ; le dégagement s'arrête lorsqu'il n'y a plus d'aluminium ; on lit le volume gazeux en égalisant les niveaux, ainsi que la température de l'eau de la cuve et la pression barométrique. Soit 63 c. cubes d'hydrogène à 13 degrés et sous la pression 764. Ces 63 cent. cubes correspondent à : $0,9455 \times 63 = 59^{c}56$ d'hydrogène sec à zéro degré et sous la pression 760 (voir le tableau final).

On recommence la même opération en mettant dans le flacon A lavé à l'eau un poids d'aluminium tel que l'on ait environ 1 gramme d'aluminium pour 1 gr. 5 d'acide nitrique (1) et en versant la solution aqueuse d'un poids déterminé de nitrate (0 gr. 250 de nitrate de soude dissous dans 10 cent. cubes d'eau (2).

On introduit ensuite dans le flacon A la jauge J renfermant 5 cent. cubes de la solution de soude préparée comme il a été dit ci-dessus. On termine comme précédemment en ne versant la lessive alcaline que goutte à goutte de manière que l'on remarque à peine un dégagement de gaz hydrogène au bout d'une demi heure à 1 heure. L'opération dure environ trois heures (elle se continue d'elle-même sans surveillance assidue). On lit le volume d'hydrogène produit, ainsi que la température et la pression; soit 51 centim. cubes d'hydrogène à 13 degrés et sous la pression 764. Ces 51 cent. cubes correspondent à : $0,9455 \times 51 = 48^{cc}22$ d'hydrogène sec à zéro degré et sous la pression 760 (voir le tableau final).

S'il n'y avait pas eu de nitrate de soude, les 250 milligrammes auraient produit un volume de : $\dfrac{59\,56 \times 250}{50} = 297^{cc}8$ d'hydrogène sec à zéro degré et sous la pression 760. Or, en présence du nitrate. on n'a eu que $48^{cc}22$ d'hydrogène. La différence : $297,8 - 48,22 = 249^{cc}56$ correspond au volume d'hydrogène absorbé par l'azote. Le poids d'un centimètre cube d'hydrogène étant 0 milligr. 08988. le poids de l'hydrogène absorbé est de :

$0,08988 \times 249,56 = 22$ milligr. 43.

8 milligrammes d'hydrogène correspondant à 14 milligr. d'azote ou à 85 de nitrate de soude pur, la prise d'essai, c'est-à-dire 250 milligr., renfermera donc : $\dfrac{14 \times 22.43}{8} = 39$ milligr. 25 d'azote.

et $\dfrac{85 \times 22,43}{8} = 238$ milligr. 32 de nitrate de soude pur.

Par suite, le tant pour cent sera :

en azote : $\dfrac{39,25 \times 100}{250} = 39,25 \times 0,4 = 15,70,$

en nitrate de soude pur : $238,32 \times 0,4 = 95\,328.$

Le nitrate essayé marque donc 95 degrés 328.

Vérification. - Après la transformation complète de l'azote du nitrate en ammoniaque. on introduit dans le flacon A une jauge semblable à J renfermant 15 cent. cubes d'hypobromite de soude (voir dosage de l'azote ammoniacal en X). On verse l'hypobromite goutte à goutte et on recueille l'azote dans l'éprouvette graduée ; en calculant le poids de l'azote, comme il est dit en X, on doit retrouver le même poids que dans la détermination précédente ; toutefois, il y a un peu d'ammoniaque entraînée par le gaz.

Nota. -- On peut mener de front plusieurs déterminations en employant plusieurs appareils ; on se trouve dans les mêmes conditions initiales et fina-

---

(1) Nos expériences personnelles nous ont montré que dans le cas du nitrate de soude, on obtenait de très bons résultats en employant un poids d'aluminium égal au poids du nitrate de soude. Dans le cas du nitrate de potasse, on prendra 300 milligrammes de nitrate de potasse pour 250 milligrammes d'aluminium.

(2) Lorsqu'on n'a pas de balance de précision, on dissout 25 grammes du nitrate à essayer dans une quantité d'eau suffisante pour avoir un litre de solution. 10 cent. cubes de la solution renferment donc 250 milligrammes de nitrate de soude.

les, si l'on emploie la même eau. On peut éviter les calculs en faisant en même temps une détermination avec du nitrate de soude pur et fondu.

2e *Cas.* — *Cas d'un nitrate renfermant des matières organiques.* — On chauffe la substance avec de la lessive de potasse étendue de manière à chasser entièrement l'ammoniaque. On ajoute ensuite du permanganate de po asse en solution concentrée et on fait bouillir pendant 10 minutes (mettre une quantité de permanganate telle que le liquide paraisse encore rouge après cette ébullition.) On décompose l'excès de permanganate en versant un peu d'acide formique ; on filtre, on lave et on concentre le liquide filtré ; on le neutralise ensuite exactement avec de l'acide sulfurique étendu. Le liquide ainsi préparé est traité comme dans le 1er cas.

Dans la vérification, il faut déduire préalablement l'azote provenant des sels ammoniacaux.

Emploi des nitrates en agriculture

Dans la nature, on distingue :

1° *Les nitrates de chaux et de magnésie* qui se forment dans le sol par la nitrification des matières azotées et qui donnent naissance aux autres nitrates;

2° *Le nitrate de potasse* ou salpêtre ordinaire qu'on trouve surtout en efflorescences sur les murs et dans certains terrains :

3° *Le nitrate de soude* ou salpêtre du Chili, qu'on fait venir des côtes du Pacifique ;

4° *Le nitrate d'ammoniaque.*

Dans le commerce des engrais, on vend surtout les nitrates de soude et de potasse.

1. *Nitrate de potasse.* — Pur, le nitrate de potasse renferme 46,58 % de potasse anhydre pure et 53,42 % d'acide nitrique anhydre pur, ou 13,86 % d'azote.

On l'utilise dans l'agriculture à l'état brut (raffiné il est trop cher).

C'est un engrais puissant apportant de l'azote et de la potasse : il ne doit pas être employé seul, car il renferme un excès de potasse ; on doit l'addi tionner de matières azotées. Il se comporte dans le sol comme le sulfate de potasse, c'est-à-dire qu'il se transforme en carbonate de potasse et en nitrate de chaux. Il agit rapidement sur la végétation, mais il peut être immobilisé sans profit dans les tissus de certaines plantes. En général, il est préférable d'employer du chlorure de potassium et du nitrate de soude qui reviennent à un prix moins élevé.

On distingue dans le commerce :

1° Le nitrate de potasse des Indes, renfermant habituellement 80 à 92 % de nitrate de potasse pur, il contient de 8 à 20 % d'impuretés.

2° Le nitrate de potasse artificiel, obtenu par double décomposition entre le chlorure de potassium et le nitrate de soude ; il contient 5 % d'impuretés formées de chlorure de potassium, de sulfates de potasse et de soude, de résidu sableux et d'eau.

3° Le nitrate provenant du traitement osmotique des mélasses de betteraves ; les eaux d'exosmose donnent par évaporation un nitrate brut renfermant 32 à 35 % de nitrate de potasse pur, du chlorure de potassium et des impuretés diverses.

Falsifications du nitrate de potasse. — Le nitrate de potasse peut être additionné de nitrate de soude qui est moins cher et qui abaisse la richesse en potasse ; toutefois cette addition augmente la quantité d'azote. Pour avoir la même teneur en azote, on ajoute alors des matières inertes, du chlorure de sodium et du sulfate de soude.

II. *Nitrate de soude.* — On l'extrait des gisements ou caliches situés sur les côtes du Pacifique (Pérou, Chili et Bolivie). Les nitrates bruts renferment de 28 à 80 °/₀ de nitrate de soude pur et des impuretés formées surtout de chlorure de sodium, de sulfate de soude. d'iodure de potassium, d'iodate de potasse, de matières terreuses, etc. Ces produits bruts sont traités par l'eau bouillante; les nitrates se déposent par refroidissement et le chlorure de sodium reste dissous dans l'eau. On obtient ainsi des nitrates renfermant de 94 à 97 °/₀ de nitrate de soude pur. Quelquefois, on y trouve de la potasse en assez grande quantité et alors les produits obtenus renferment jusqu'à 60 °/₀ de nitrate de soude pur et de 30 à 35 °/₀ de nitrate de potasse pur. Le nitrate de soude pur renferme 36,47 °/₀ de soude anhydre et 65,53 d'acide azotique anhydre ou 16 47 °/₀ d'azote. Dans le commerce, on vend ordinairement du nitrate renfermant de 94 à 97 °/₀ de nitrate pur ; ces nitrates sont d'un aspect sale et un peu humides ; ils doivent être conservés en lieu clos et sec. On les falsifie avec du chlorure de sodium et du sulfate de soude ; on doit donc s'assurer, par analyse, de la teneur exacte en nitrate pur.

Emploi agricole du nitrate de soude. — Le nitrate de soude étant absorbé sans modification, exerce une grande influence sur tous les sols et spécialement sur les terres légères (sablonneuses) en temps sec (expériences de M. Warington). Les sels ammoniacaux servent dans les terres fortes et en temps humide. On a constaté qu'une terre ayant reçu du nitrate se dessèche moins par les temps secs et s'humecte davantage par les temps humides. La dose à employer est de 200 à 500 kilos à l'hectare.

Il donne une grande vigueur aux plantes qui prennent alors une couleur vert foncé très nette.

Le nitrate est très soluble dans l'eau et il attire l'humidité de l'air ; en outre, il peut être entraîné par les eaux de drainage. Pour ces raisons, on doit toujours l'appliquer au printemps, en couverture, en mars et avril pour les céréales, en février et mars pour les prairies ; il est employé seul ou associé à de la terre que l'on sème à la volée. On peut également l'enfouir au moment du labour. Toutefois, lorsque des pluies abondantes se produisent après l'épandage, on risque d'avoir des pertes assez fortes par l'écoulement des eaux.

Lorsqu'on emploie des superphosphates, il ne faut jamais les mélanger avec le nitrate de soude, car il se produit des pertes nitreuses dues à l'action de l'acide libre renfermé dans le superphosphate. Le nitrate de soude seul ou ajouté plusieurs jours après le superphosphate donne d'excellents résultats sur les cultures du blé qui succèdent aux cultures de betteraves ayant été fumées au fumier de ferme. Enfin, dans la culture des betteraves, on obtient de beaux rendements en employant à l'automne du fumier de ferme et du superphosphate, et ajoutant au printemps du nitrate de soude.

X

Dosage de l'azote ammoniacal

1. *Engrais ammoniacaux.* — Pour déterminer la richesse des engrais en azote ammoniacal, l'appareil Trubert (fig. 1), permet d'employer la méthode azotométrique basée sur la décomposition de l'ammoniaque par les hypobromites alcalins ; l'azote mis en liberté est mesuré. De nombreuses expériences nous ont montré l'exactitude des dosages faits avec notre appareil.

Manière d'opérer. — 1° On prépare d'abord une solution titrée de chlorhydrate d'ammoniaque pur et sec ; à cet effet, on dissout 25 grammes de chlorhydrate d'ammoniaque dans une quantité d'eau suffisante pour avoir

1 litre de dissolution ; 10 centimètres cubes de cette solution renferme donc
0 gr. 25 de chlorhydrate d'ammoniaque correspondant à 0 gr. 0655 d'azote.

2° On prépare de l'hypobromite de soude en dissolvant 25 grammes de
soude caustique dans 200 cent. cubes d'eau : on refroidit la dissolution et on
y ajoute 5 centimètres cubes de brome. On agite : le produit obtenu est jaune ;
il s'altère au bout de quelques jours, surtout à la lumière, par absorption
d'oxygène : il doit être conservé à l'abri de l'action de la lumière et dans un
lieu froid. Il vaut mieux n'en préparer qu'une petite quantité à la fois.

Analyse du sulfate d'ammoniaque. — On dissout 30 grammes du sulfate à
essayer dans une quantité d'eau suffisante pour avoir 1 litre de solution. On
prend 10 cent. cubes de la solution obtenue et on les introduit dans le flacon
A de l'appareil Trubert (fig. 1) ; on l'étend de deux ou trois fois son volume
d'eau ; on verse environ 20 cent. cubes de la solution d'hypobromite dans la
jauge J (prendre une des grandes jauges du nécessaire) et on introduit cette
jauge ainsi remplie dans le flacon A, à l'aide de la pince brucelle.

On ferme le flacon avec le bouchon muni du tube à dégagement et on
attend que l'équilibre soit atteint, l'orifice O étant ouvert. On place ensuite
l'éprouvette graduée pleine d'eau sur l'orifice du tube et par une légère
inclinaison, on répand goutte à goutte l'hypobromite de manière que le
dégagement gazeux s'effectue assez lentement, sans dégagement de chaleur.
Lorsque le dégagement ne se fait plus, on agite le flacon A et on attend que
l'équilibre soit établi. Il est essentiel que le liquide reste jaune, ce qui indique
qu'il renferme un excès d'hypobromite et que le sulfate d'ammoniaque est
entièrement décomposé. Un liquide qui reste incolore indique qu'il n'y a pas
asssez d'hypobromite. On procède ensuite à la lecture du dégagement gazeux,
soit 51 cent. cubes. On recommence la même opération sur 10 cent. cubes de
la solution titrée de chlorhydrate d'ammoniaque étendue de la même quantité
d'eau que le sulfate précédent ; on lit le dégagement gazeux, soit 55 cent.
cubes. (Les deux lectures doivent être faites dans les mêmes conditions ; à
cet effet, on ferme l'orifice O avec l'obturateur, et on verse de l'eau froide sur
l'éprouvette ; on égalise les niveaux de l'eau dans l'éprouvette et dans la
cuve et on fait la lecture du volume gazeux). Sachant que 0 gr. 250 de
chlorhydrate d'ammoniaque renferment 0 gr. 0655 d'azote représenté par un
volume de 55 cent. cubes, le poids d'azote correspondant au volume de
51 cent. cubes sera : $\dfrac{0\,0655 \times 51}{55} = 0$ gr. 0602 ; ce poids provient de
10 cent. cubes de sulfate d'ammoniaque, c'est-à-dire de 0 gr. 30 de sulfate.
Ainsi, 0 gr. 30 du sulfate essayé renferment 0 gr. 0602 d'azote, par suite 100 gr.
en renferment : $\dfrac{0.0602 \times 100}{0,3} = 20$ gr. 06 soit 20,06 °/₀.

Cas où l'on n'a pas de solution titrée de chlorhydrate d'ammoniaque pur. —
On détermine, comme plus haut, le volume du dégagement gazeux produit
par la décomposition de 10 cent. cubes de la solution de sulfate d'ammoniaque
c'est-à-dire par 0 gr. 30 de sulfate et on note au même moment la température
de l'eau dans la cuve et la pression barométrique, soit 51 cent. cubes à 11° sous
la pression 752. Le tableau final montre que ce volume équivaut à 0.9399 × 51
= 47 ᶜᶜ 93 d'azote sec à zéro degré, sous la pression 760 ; or, on sait qu'un
cent. cube d'azote sec à zéro degré, sous la pression 760 pèse 0 gr. 001256 ;
par suite, le poids de 47 ᶜᶜ 93 sera de : 0,001256 × 47,93 = 0 gr. 0602 ; soit
20 06 °/₀.

Impuretés. — (Voir plus loin : emploi en agriculture).

Analyse des autres sels ammoniacaux. — On opère, comme pour le
sulfate d'ammoniaque, sur 10 cent. cubes d'une solution renfermant par litre :

Nitrate d'ammoniaque : 40 grammes.

Chlorhydrate d'ammoniaque : 25 grammes.

Carbonate d'ammoniaque : 30 gr. (Voir eaux vannes et purin).

Phosphate monoammonique : 50 grammes.

Phosphate diammonique ou neutre ou commercial : 30 grammes.

Phosphate triammonique : 45 grammes.

Phosphates de chaux et superphosphates ammoniacaux : 30 à 50 gr. (1).

Phosphate ammoniaco-magnésien. — On délaye environ 0 gr. 5 à 0 gr. 6 de phosphate supposé anhydre, dans 10 cent. cubes d'eau et on opère comme plus haut. 17 grammes d'ammoniaque ou 14 grammes d'azote correspondant à 137 grammes de phosphate ammoniaco-magnésien pur et anhydre ou à 71 grammes d'acide phosphorique anhydre.

On peut obtenir le phosphate ammoniaco-magnésien pour l'agriculture en traitant les eaux chargées d'acide phosphorique (fabriques de gélatine), par les eaux ammoniacales en présence de calcaires magnésiens appelés dolomies. C'est un engrais de 1er ordre.

Dosage de l'azote ammoniacal dans les engrais ammoniacaux comme le guano et les mélanges de sels ammoniacaux. — On opère comme précédemment sur 0 gr. 5 à 1 gramme de matière, pour les bons guanos, ou sur 5 et même 10 grammes pour les mauvais. En général, il est préférable de faire une prise d'essai telle que le volume d'azote produit soit sensiblement égal à celui qui est donné dans les mêmes conditions par 0 gr. 250 de chlorhydrate d'ammoniaque. Un essai préalable renseigne à ce sujet.

Dosage de l'azote ammoniacal dans l'urine. — On traite par l'hypobromite de soude un volume connu d'urine étendue. On suit la marche indiquée en XXVII (voir dosage de l'urée). On obtient un volume total d'azote V provenant de l'urée et des sels ammoniacaux. Pour doser séparément ces substances, on prend une même quantité d'urine et on la fait bouillir avec de la magnésie ou du carbonate de soude jusqu'à ce qu'il ne se dégage plus d'ammoniaque, ce que l'on reconnaît à l'odeur ou au bleuissement du papier de tournesol (lorsqu'il n'y a plus d'ammoniaque il n'y a plus d'odeur ammoniacale ni de bleuissement de tournesol).

Le liquide, débarassé de l'ammoniaque, renferme l'urée ; on le traite par l'hypobromite (voir dosage de l'urée) on obtient alors un volume d'azote v plus petit que V. La différence entre ces 2 volumes représente l'azote provenant des sels ammoniacaux.

Dosage de l'azote ammoniacal dans les eaux ammoniacales telles que les eaux du gaz, eaux vannes, purin, etc. — On opère comme dans les cas précédents en choisissant un poids de matière tel que l'on obtienne un volume d'azote sensiblement égal à celui qui est produit par 10 cent. cubes de la solution titrée de chlorhydrate d'ammoniaque ; s'il y avait de l'urée non transformée en carbonate d'ammoniaque, on opèrerait comme dans le cas de l'urine. (Voir plus loin l'emploi des eaux ammoniacales en agriculture).

Dosage de l'ammoniaque dans une solution (alcali volatil du commerce, etc). On prend 4 à 5 centim. cubes de la dissolution (10 centim. cubes si la solution est faible) ; on l'étend avec une quantité d'eau suffisante pour avoir 100 centim. cubes. On agite, puis on prend 10 centim. cubes de la solution obtenue et on les décompose comme précédemment en versant de l'hypobromite goutte à goutte pour éviter l'échauffement. Le dégagement gazeux donne la proportion d'azote ; par suite, on peut calculer le poids de gaz ammoniac

---

(1) On obtient des phosphates ammoniacaux en saturant par l'ammoniaque provenant du gaz d'éclairage ou des eaux vannes l'acide phosphorique produit par le traitement des phosphates naturels ou les superphosphates.

dissous dans la solution ; il suffit de se rappeler que 14 grammes d'azote correspondent à 17 grammes de gaz ammoniac.

Dosage de l'azote ammoniacal dans les terres. — On peut doser l'azote ammoniacal directement sur la terre ou sur son extrait chlorhydrique.

1° *Traitement direct de la terre par l'hypobromite* (eaux de drainage, etc.) On introduit dans le flacon A de l'appareil Trubert 100 grammes de terre desséchée à 125 degrés, 125 cent. cubes d'une solution saturée de borax [1], et la jauge J renfermant 20 cent. cubes d'hypobromite de soude, on renverse l'hypobromite goutte à goutte en agitant modérément. On recueille l'azote. Cette méthode donne de meilleurs résultats en mettant moins d'hydrate de soude dans la préparation de l'hypobromite ou en remplaçant l'hypobromite de soude par une solution filtrée d'hypobromite de chaux. On obtient l'hypobromite de chaux en ajoutant un excès d'hydrate de chaux dans 200 cent. cubes d'eau et 15 cent. cubes de brome ; il faut maintenir la solution froide.

2° *Traitement de l'extrait chlorhydrique de la terre.* — 100 grammes de terre fine desséchée à 125 degrés et tamisée au tamis de 10 fils au centimètre, sont additionnés de 50 cent. cubes d'acide chlorhydrique étendu de 4 fois son volume d'eau ; l'acide doit être en léger excès (après le dégagement des bulles d'acide carbonique, ajouter encore un peu d'acide étendu). On agite énergiquement et on traite la solution filtrée par l'hypobromite de manière que ce réactif soit en excès (couleur jaune pâle).

NOTA. — On obtient des résultats inexacts quand la terre renferme d'autres corps azotés décomposables par les hypobromites (exemple l'urée) ; il en est de même des terres très chargées d'humus, comme les terres de marais ou les terres fraîchement fumées. Il est évident qu'un apport de matières azotées à de tels sols est inutile.

Emploi des sels ammoniacaux en agriculture. Impuretés

Sulfate d'ammoniaque. — Pur, le sulfate d'ammoniaque existe sous la forme de cristaux blancs, anhydres et transparents, solubles dans l'eau, d'une saveur piquante et amère; il renferme 21,21 pour cent d'azote.

Dans le commerce, il n'est pas pur ; la richesse moyenne est de 20 à 21°/₀ d'azote. Les impuretés peuvent être du sable, de l'acide sulfurique libre qui exerce une action corrosive, des matières goudronneuses, quelquefois du sulfocyanure d'ammonium (appelé aussi rhodanammonium).

Le sulfocyanure d'ammonium agit sur les plantes et les détruit ; c'est donc un véritable poison [2] ; on le reconnaît en dissolvant un peu de sulfate d'ammoniaque dans l'eau et en ajoutant à la solution un sel de fer au maximum, par exemple du perchlorure de fer ; s'il y a du sulfocyanure d'ammonium, on obtient une coloration rouge sang. Si l'on n'a pas de perchlorure de fer, on peut en préparer en chauffant du fer avec de l'eau régale formée par le mélange d'une partie d'acide azotique et de 4 parties d'acide chlorhydrique. Les sulfates ainsi souillés proviennent habituellement des eaux du gaz d'éclairage ; ils sont brun rougeâtre Les sulfates d'ammoniaque les plus purs sont blancs ; d'autres sont gris sale, jaunâtre, brun rougeâtre, bleuâtre ou violacé.

---

(1) La solution saturée de borax s'obtient en dissolvant du borax dans l'eau chaude de manière que du borax solide reste au fond du vase ; après agitation, on laisse refroidir ; la partie liquide est alors saturée. L'addition de cette solution a pour but d'éviter l'erreur provenant de la contraction qui se produit par l'action des liquides alcalins sur les terres.

(2) Les Engrais : Muntz et Girard, tome II p 155 : « D'après Vœlcker, lorsque la fumure au sulfate d'ammoniaque, employé en couverture, a apporté dans le sol une proportion de sulfocyanure équivalant à 10 kilogrammes par hectare, on obtient des résultats désastreux. »

Falsifications. — On falsifie le sulfate d'ammoniaque en ajoutant du sulfate de soude, du sel marin, du sulfate de magnésie, du sulfate de fer et du sable. Pour reconnaître ces falsifications, on calcine le sulfate d'ammoniaque dans la petite capsule ; il y a un résidu notable lorsque l'on a ajouté des matières étrangères.

Eaux ammoniacales (eaux vannes, purin, etc.). En général, les eaux ammoniacales renferment du carbonate d'ammoniaque qui est caustique et volatil (odeur) ; ces eaux brûlent les plantes ; on ne doit donc les employer que lorsqu'elles sont additionnées d'eau en suffisante quantité. S'il y a du sulfocyanure d'ammonium, on peut les incorporer au sol lorsqu'il n'y a pas de végétation ; le sulfocyanure se transforme et disparaît. On peut également utiliser les eaux ammoniacales sans addition d'eau lorsqu'elles ont été additionnées de plâtre ou d'acide sulfurique et d'acide chlorhydrique : la causticité disparaît et on obtient du sulfate et du chlorhydrate d'ammoniaque. On fait aussi des mélanges d'eaux ammoniacales et de fumiers divers, de sciure de bois, de tourbe, etc.; les matières organiques sont plus activement décomposées.

Effets des engrais ammoniacaux. — C'est le sulfate d'ammoniaque qui est le plus employé ; on emploie aussi les eaux ammoniacales, le guano et différents sels comme les phosphates et superphosphates ammoniacaux.

L'ammoniaque est retenue énergiquement dans le sol par l'humus et l'argile ; le calcaire pur et le sable ne la retiennent pas ; toutefois il y a fixation d'ammo niaque lorsqu'on a ajouté au calcaire et au sable de l'argile et de l'humus Il en résulte que les quantités d'ammoniaque absorbées varient suivant les qualités des terres. Enfin une partie peut être entraînée par les eaux pluviales.

Voici comment est utilisée l'ammoniaque fixée dans le sol : une partie est absorbée en nature par les plantes ; une autre partie est rapidement transformée en nitrate de chaux ou de magnésie et absorbée sous cette forme ; cette nitrification exige la présence de carbonate de chaux et de carbonate de magnésie.

Dans le cas où l'on emploie du sulfate d'ammoniaque, il est nécessaire que le sol renferme du calcaire pour saturer l'acide sulfurique du sulfate ; l'ammoniaque est alors fixée à l'état libre ou à l'état de carbonate ; cependant une partie peut s'échapper par volatilisation lorsque le sol ne renferme pas une quantité suffisante d'éléments fixateurs. Cette perte est insignifiante lorsqu'on enfouit le sulfate d'ammoniaque, même en terrain très calcaire ; une petite perte a lieu lorsque le sulfate est répandu en couverture.

La chaux non carbonatée, provenant d'un chaulage récent, agit plus énergiquement et des pertes importantes d'ammoniaque peuvent avoir lieu ; il ne faut donc pas chauler la terre lorsqu'on veut y ajouter un engrais ammoniacal.

Influence des différentes terres. — 1° *Terres franches* (calcaire, argile et humus). Le sulfate d'ammoniaque est décomposé par le carbonate de chaux et donne du sulfate de chaux et du carbonate d'ammoniaque ; ce corps se fixe sur l'humus et se nitrifie lorsque les conditions sont convenables. On mettra le sulfate après l'hiver un peu avant l'époque où la végétation devient active. Quelquefois, on donne du sulfate avant l'hiver, à faible dose, pour fortifier les plantes semées à l'automne, comme les céréales ; au printemps suivant, on en ajoute de nouveau pour compléter la fumure.

2° *Terres très calcaires.* — Le sulfate d'ammoniaque se transforme en carbonate d'ammoniaque qui peut s'échapper dans l'air ; la déperdition se fait surtout lorsque le sulfate est ajouté en couverture ; il vaut mieux donner à de tels sols de l'azote organique qui se nitrifie d'une façon régulière.

3° *Terres légères.* — Les sels ammoniacaux et les nitrates étant entraînés par les eaux de drainage, il vaut mieux les ajouter au printemps par petites doses séparées.

4° *Terres argileuses*. — Ces terres étant très absorbantes, le sulfate d'ammoniaque reste dans le sol et se transforme en carbonate s'il y a du calcaire.

5° *Terres acides* (terres de landes, de bruyères, de tourbes, etc). — Le sulfate d'ammoniaque ne convient pas dans ces terres qui renferment déjà une notable proportion d'azote organique ; il faut les modifier par des chaulages et marnages.

En résumé, il ne faut pas mettre les sels ammoniacaux à l'avance ; il n'v a que les terres fortes (riches en argile et en humus) qui les conservent pendant un certain temps ; on ajoutera donc le sulfate d'ammoniaque au moment de la végétation, en février ou au commencement de mars, et non en avril ou en mai afin de ne pas produire un développement excessif des parties foliacées. Il vaut mieux l'enfouir au moment du dernier labour ; lorsqu'on le met en couverture, on fait l'opération en temps humide et on herse. Enfin, on peut mélanger les engrais ammoniacaux à de la terre non calcaire, mais non à la chaux ou à des scories de déphosphoration.

XI

Dosage de l'azote organique

1° *Dans les engrais*. — *Principe de la méthode*. — On transforme l'azote organique en azote ammoniacal au moyen de l'acide sulfurique concentré, additionné soit de sulfate de cuivre déshydraté, soit d'oxyde rouge de mercure, soit de mercure métallique ; il se forme du sulfate d'ammoniaque.

Si *la substance renferme des nitrates*, on les détruit d'abord en chauffant dans le ballon la prise d'essai avec du protochlorure de fer et de l'acide chlorhydrique ; l'acide nitrique est alors transformé en bioxyde d'azote qui se dégage (voir analyse des nitrates) ; l'azote organique est ensuite transformé en sulfate d'ammoniaque. On décompose le sulfate d'ammoniaque par l'hypobromite de soude, et on évalue le volume d'azote ; le poids d'azote obtenu permet de calculer le tant pour cent d'azote organique.

Manière d'opérer. — On prend un ballon de 100 à 200 cent. cubes et on y introduit un poids déterminé de la substance. Ce poids varie avec la richesse présumée en azote. Nos expériences personnelles nous ont montré qu'on obtenait de bons résultats en prenant les poids suivants :

4 grammes lorsqu'il y a 1 à 2 0/0 d'azote,
3 grammes   —   2 à 3 0/0   —
2 gr. 5   —   3 à 4 0/0   —
2 gr.   —   4 à 5 0/0   —
1 gr.   —   5 à 10 0/0   —
0 gr. 5 au-dessus de 10 0/0 d'azote.

On ajoute 2 à 3 grammes de sulfate de cuivre desséché en poudre, ou 1 gramme de mercure métallique, ou 0 gr. 5 d'oxyde de mercure préparé par voie humide. (Ces corps agissent comme oxydants et accélèrent beaucoup la destruction de la substance organique). On verse sur le tout 15 à 20 cent. cubes d'acide sulfurique pur et monohydraté. Le ballon est placé sur une toile métallique et chauffé ; on chauffe d'abord doucement en tenant le ballon incliné, celui-ci étant fermé presque complètement par une petite boule de verre qui empêche une évaporation trop grande de l'acide et une perte de matière par projection. On chauffe ensuite plus fortement jusqu'à ce que le mélange soit devenu limpide et clair ; il n'est pas nécessaire qu'il soit complè-

tement décoloré (ordinairement il faut 1/2 heure ou 3/4 d'heure d'ébullition ;
pour les engrais à base de cuir il faut chauffer une heure à une heure et
demie). Le liquide étant devenu tout à fait clair à froid, on ajoute avec
précaution, jusqu'à neutralisation, une petite quantité de soude caustique
pure dissoute dans l'eau. Avant la neutralisation complète, il faut laisser
refroidir le liquide ; le refroidissement s'opère très vite en plongeant le ballon
dans un bain d'eau froide et en agitant. Le liquide étant refroidi, on neutralise
complètement en maintenant le liquide froid ; une goutte de solution
alcoolique de phénolphtaléine sert à régler la proportion de soude ; lorsqu'il y
a un léger excès de soude, on obtient une coloration rouge vermeil. Si
l'oxydation a été faite en présence du mercure, il peut s'être formé des
composés ammonio-mercuriques qui abandonnent difficilement leur ammoniaque ; on ajoute alors 4 à 5 cent. cubes de sulfure de sodium en solution
dans l'eau, ou un peu de sulfate de fer (vitriol vert), pour les décomposer et
précipiter le mercure. La liqueur obtenue est ensuite traitée par 20 cent.
cubes environ d'hypobromite de soude versés dans la jauge J. La décomposition se fait dans le flacon A; on suit les précautions indiquées en X.
On peut alors calculer le poids d'azote dégagé en tenant compte de la pression
et de la température ; il vaut encore mieux comparer le dégagement d'azote à
celui qui est donné par une solution titrée de chlorhydrate d'ammoniaque
décomposée dans les mêmes conditions (voir analyse des sels ammoniacaux).

2° *Cas des terres.* — On attaque 10 ou 20 grammes de terre par 20 cent.
cubes d'acide sulfurique ; l'opération est conduite comme dans le cas des
engrais.

APPLICATIONS

1° *Présence de l'azote dans le sol.* — D'après leur teneur en azote, on a
classé les terres de la manière suivante :
1° Terres très pauvres renfermant moins de 0,5 p. 1000 ;
2° Terres pauvres renfermant de 0,5 à 1 p. 1000 ;
3° Terres de richesse moyenne renfermant 1 p. 1000 ;
4° Terres riches renfermant de 1 à 2 p. 1000 ;
5° Terres très riches renfermant plus de 2 p. 1000.

Les engrais azotés sont surtout nécessaires dans les terrains renfermant
moins de 1,2 d'azote pour 1000 ; au dessus de 1,5, on doit chercher à maintenir la fertilité en remplaçant l'azote qui a été enlevé au sol. Toutefois, il
faut remarquer que les sols manquant de chaux ou de magnésie ne nitrifient
pas l'azote organique (sols non calcaires); ces sols doivent être chaulés ou
marnés.

2° *Emploi des engrais organiques.* — La valeur des engrais organiques
dépend de leur nitrification ; en général, les engrais les plus divisés sont
ceux qui sont le plus rapidement nitrifiés. Parmi les terres, il faut distinguer :
1° les terres qui ne nitrifient pas l'azote organique ; ce sont les terres non
calcaires (terres de landes, de bruyères, de dunes; terrains acides en général).
Dans ces terres, il est inutile d'apporter des engrais organiques ; il faut les
modifier par un chaulage ou un marnage suffisants.

2° Les terres qui nitrifient l'azote organique. — Ces terres peuvent être
classées en terres légères, franches ou fortes. Les *terres légères* et les terres
très calcaires nitrifient rapidement l'azote organique dont l'effet se fait surtout
sentir sur la première récolte. Les eaux de drainage pouvant les traverser
rapidement, peuvent entraîner de grandes quantités de nitrates ; il en résulte
que les engrais organiques ne doivent y être apportés qu'à petites doses,
chaque année, à moins d'employer des engrais à décomposition plus lente
comme les débris de cuir, les matières cornées, les chiffons de laine, etc.

Les *terres-franches* nitrifient l'azote organique moins rapidement que les terres légères et les engrais organiques y sont utilisés plus régulièrement et plus longtemps; la perte de nitrates par les eaux de drainage y est beaucoup moins grande que dans les terres légères. Enfin, *les terres fortes*, qui renferment une proportion d'argile assez élevée, nitrifient très lentement l'azote organique; il vaut mieux remplacer les engrais organiques par des nitrates qui sont immédiatement utilisés par les plantes.

En général, les engrais organiques doivent être apportés avant l'hiver et enterrés par un labour; ces engrais subissent des transformations insensibles qui rendent la nitrification plus rapide au printemps. Toutefois, lorsque les engrais organiques se décomposent facilement, on peut les mettre dans les sols légers et calcaires après l'hiver (plantes sarclées).

XII

Analyse du sulfate de potasse

Description du procédé. — On transforme le sulfate de potasse en carbonate de potasse; on dissout dans un peu d'eau chaude un poids déterminé du sel à essayer (0 gr. 5 par exemple) (1); on ajoute un excès d'eau de baryte, il se forme un précipité de sulfate de baryte et de la potasse caustique est mise en liberté. On laisse refroidir et on filtre. On lave le filtre avec un peu d'eau et on ajoute cette eau de lavage à la liqueur filtrée. Dans la liqueur claire, on fait passer un excès d'acide carbonique (eau de Seltz ou courant d'acide carbonique lavé provenant de la décomposition de la craie ou du marbre par l acide chlorhydrique étendu). On se débarrasse ainsi de l'excès d'eau de baryte qui se précipite sous forme de carbonate de baryte; la potasse caustique est alors transformée en carbonate. Les liqueurs étant suffisamment étendues, on fait bouillir, on filtre et on lave à l'eau le précipité; l'eau de lavage est réunie au liquide filtré, le carbonate de potasse se trouve en dissolution dans cette liqueur. On dose ensuite le carbonate de potasse obtenu : on peut alors opérer de deux manières.

1re *manière*. — A la solution claire, on ajoute un excès de chlorure de baryum comme il est dit en XV (3ᵈ cas, potasse). En décomposant le carbonate de baryte recueilli sur un filtre, on évalue le poids p d'acide carbonique et par suite le poids de sulfate de potasse neutre ou de potasse pure anhydre. En effet, 22 milligr. d'acide carbonique correspondent à 98 milligr. 5 de carbonate de baryte, à 69 milligr. 1 de carbonate de potasse, à 87 milligr. 1 de sulfate neutre de potasse ou à 47 milligr. 1 de potasse anhydre. Donc le poids de sulfate de potasse renfermé dans la prise d'essai sera : $\dfrac{87,1 \times p}{22}$,

et le poids de potasse anhydre pure sera : $\dfrac{47,1 \times p}{22}$. On peut comparer le dégagement d'acide carbonique à celui qui est produit par la décomposition de 0 gr. 3 de carbonate de chaux pur; 0 gr. 3 de carbonate de chaux correspondant à 0 gr. 4146 de carbonate de potasse pur ou à 0 gr. 5226 de sulfate de potasse pur, il est facile de calculer le poids de sulfate de potasse renfermé dans la prise d'essai.

2e *manière*. — On évapore doucement, dans la capsule, au bain-marie, au bain de sable ou à l'étuve, la dissolution claire de carbonate de potasse,

---

(1) Lorsque l'on n'a pas de balance de précision, on dissout 50 grammes de substance dans une quantité d'eau suffisante pour avoir 1 litre de solution; 10 centimètres cubes de cette solution renferment évidemment 0 gr. 5 de substance.

en présence de sable non calcaire. On détache le résidu et on le décompose comme il est dit en XV (voir analyse de la potasse commerciale). On détermine le poids de carbonate de potasse et celui du sulfate correspondant (69 gr. 1 de carbonate de potasse correspondent à 87 gr. 1 de sulfate).

Avantage de ce procédé. — En transformant le sulfate de potasse en carbonate, on a l'avantage de se débarrasser des sulfates de chaux et de magnésie.

Si la substance renferme primitivement des carbonates alcalins, on évalue le volume d'acide carbonique, produit par un poids donné de matière, avant la transformation du sulfate; on retranche ce volume du volume total obtenu après la transformation d'un même poids de substance.

Cas particulier. — *Mélange de sulfate de potasse et de sulfate de soude.* — Le sulfate de potasse peut avoir été additionné de sulfate de soude dans un but de fraude. Voici comment on peut déterminer les proportions des deux sulfates : On fait deux prises d'essai de même poids (0 gr. 5 par exemple) et on transforme dans chaque prise les sulfates alcalins en carbonates en suivant les précautions indiquées plus haut. On fait ensuite les opérations suivantes :

1° Dans l'une des solutions, on dose le poids p de chlorure de potassium (salins de betteraves) ou de chlorure de sodium (sels de Stassfurt) en suivant le procédé indiqué en XIII.

2° On évapore doucement l'autre solution, jusqu'à poids invariable, dans une capsule de porcelaine; en pesant le résidu, on obtient le poids total P du chlorure de potassium (ou de chlorure de sodium) et des carbonates de potasse et de soude. En faisant la différence P-p, on a le poids total des deux carbonates alcalins : on en détermine les proportions en suivant le procédé indiqué en XV (voir cas général).

Nota. — Il faut préalablement s'assurer si le sulfate à essayer renferme des carbonates alcalins et les doser.

APPLICATIONS

Détermination de la richesse des sulfates commerciaux. — *Degré.* — Dans le commerce des engrais, on distingue :

1° *Le sulfate de potasse pur* qui renferme, pour cent : 54,07 de potasse anhydre et 45,93 d'acide sulfurique ;

2° *Le sulfate de potasse extrait des salins de betteraves*, renfermant, pour cent, d'après M. Grenet :

Carbonate de potasse........	0,5 à 1
Carbonate de soude	0 5
Chlorure de potassium.......	0,2 à 1
Sulfate de potasse....	95 à 96
Eau	2,5.

3° *Le sulfate de potasse des cendres ;*

4° *Le sulfate de potasse des sels de Stassfurt ;* à Stassfurt, on vend des produits qui ont la composition suivante :

Le *sulfate n° 1,* renfermant 90 à 95 0/0 de sulfate de potasse et 1 à 4 0/0 de chlorure de sodium ;

Le *sulfate n° 2,* renfermant 70 0/0 de sulfate de potasse, 5 à 10 0/0 de sulfate de magnésie et 2 à 8 0/0 de chlorure de sodium ;

La *Kaïnite,* renfermant 55 à 60 0/0 de sulfate de potasse, du sulfate de magnésie et du chlorure de magnésium en quantité variable ;

La Kaïnite, traitée par l'eau froide, abandonne le chlorure de magnésium et donne la *schœnite* qui, traitée par le chlorure de potassium, donne du sulfate de potasse ;

La *Kiésérite,* formée surtout de sulfate de magnésie que l'on transforme en sulfate de potasse par du chlorure de potassium ;

5° *Le sulfate de potasse* provenant du traitement du chlorure de potassium par l'acide sulfurique ;

6° *Le sulfate de potasse* provenant d'une double décomposition entre le chlorure de potassium et le sulfate de soude ; on obtient ainsi les sulfates de potasse à bas titre souillés de sel marin ; les fabriques du Midi livrent un sel brut appelé *engrais alcalin brut* ou *sel d'été de Balard* ou salin qui renferme pour cent :

Sulfate de potasse............	18,1
Sulfate de magnésie...........	19,8
Chlorure de magnésium	14
Chlorure de sodium...........	20.7
Eau	26,6
Matières insolubles	0,8.

On voit que ce salin renferme une grande quantité de sels magnésiens et en particulier du chlorure de magnésium nuisible aux plantes ;

7° *Le plate sulfate des anglais* (sulfate double de potasse et de soude). On transforme le sulfate de soude en sulfate de potasse par le chlorure de potassium.

Degré du sulfate de potasse commercial. — En examinant le tableau précédent, on voit que le sulfate commercial n'est pas pur ; il titre ordinairement de 80 à 90 degrés c'est à-dire qu'il renferme de 80 à 90 0/0 de sulfate de potasse pur. Sachant que 100 parties de sulfate de potasse pur renferme 54 parties de potasse caustique anhydre, on obtiendra le titre en potasse anhydre en multipliant le tant pour cent de sulfate de potasse par 0,54. Exemple : un sulfate potassique à 90 0/0 renferme 90 × 0,54 = 48,6 0/0 de potasse caustique anhydre.

On falsifie le sulfate de potasse en y ajoutant du chlorure de potassium (prix inférieur), du sulfate de soude, du sel marin, etc.

Emploi du sulfate de potasse en agriculture. — Certaines plantes, telles que les légumineuses, sont très sensibles à l'action du sulfate de potasse. En présence du calcaire du sol, le sulfate de potasse donne du sulfate de chaux ou plâtre et du carbonate de potasse. L'effet produit est donc dû à l'action du carbonate de potasse et du plâtre qui se trouvent alors à un grand état de diffusion dans le sol. L'acide sulfurique agit sur l'azote et sur l'humus pour les rendre actifs. Cependant, grâce à sa faible solubilité dans l'eau, le plâtre s'élimine lentement dans les eaux de drainage. Lorsque le sulfate de potasse renferme des sels magnésiens et en particulier du chlorure de magnésium, il faut l'enfouir dans le sol bien avant les semis, par exemple avant l'hiver pour les semis de printemps ; de cette façon, les sels magnésiens, nuisibles aux récoltes, sont entraînés par les eaux de drainage.

Comparaison des effets du sulfate de potasse et du chlorure de potassium. — Le sulfate de potasse est supérieur au chlorure de potassium pour la culture des betteraves, des pommes de terre et du tabac. En effet, l'assimilation du chlorure de potassium se fait en nature et nuit à la formation et à la cristallisation du sucre ; employé tardivement à la culture de la pomme de terre, le chlorure de potassium en abaisse la teneur en fécule. En outre, d'après M. Schlœsing, le chlorure de potassium s'oppose à la combustibilité du tabac, tandis que le sulfate de potasse l'augmente. Enfin, l'expérience a montré que le sulfate de potasse donne de bons résultats dans la culture de la vigne.

Analyse du sulfate de soude

On opère le dosage du sulfate de soude comme celui du sulfate de potasse. Il faut se rappeler que 22 milligr. d'acide carbonique correspondent à 98 milligr. 5 de carbonate de baryte, à 53 milligr. de carbonate de soude, à 71 milligr. de sulfate de soude et à 31 milligr. de soude anhydre pure.

XIII

Analyse du chlorure de potassium

Manière d'opérer. — On fait une dissolution de 10 grammes de matière dans une quantité d'eau suffisante pour avoir 100 centim. cubes de solution (soit 100 gr. par litre) On prend 5 centim. cubes de cette solution et on les verse dans le petit ballon : ce volume correspond à 0 gr. 5 de matière. On ajoute environ 1 gramme d'acide sulfurique concentré (soit 12 gouttes) et on chauffe le mélange à la lampe à alcool ; au bout de quelques minutes l'acide chlorhydrique mis en liberté se dégage sous forme de fumées blanches ; on chauffe jusqu'à ce que l'on ait un résidu solide ; on laisse refroidir. Le chlorure de potassium est entièrement transformé en sulfate. Le dosage se termine comme celui du sulfate de potasse ordinaire par transformation en carbonate.

69 gr. 1 de carbonate de potasse correspondent à 74 gr. 6 de chlorure de potassium pur ou à 47 gr. 1 de potasse.

Dosage des autres subtances. — On détermine :

1° Le poids des substances insolubles en faisant une dissolution d'un poids suffisant de matière dans l'eau; on filtre, on lave le résidu, on le dessèche complètement et on le pèse.

2° Le poids de l'eau par dessication.

3° Le poids du sulfate de potasse comme il est indiqué en XII.

4° Les poids des carbonates de potasse et de soude comme il est dit en XV. Lorsqu'il y a du sel marin en assez grande quantité comme dans les chlorures allemands, ce sel se transforme en sulfate de soude pendant le traitement à l'acide sulfurique; par suite les sulfates de potasse et de soude sont transformés en carbonates. On détermine les proportions de chaque carbonate comme il est dit en XV et on transforme en chlorures : 69 gr. 1 de carbonate de potasse correspondent à 74 gr. 6 de chlorure de potassium et 53 grammes de carbonate de soude correspondent à 58 gr. 5 de chlorure de sodium.

Applications. — Détermination de la richesse des chlorures commerciaux. Degré. — Dans le commerce des engrais, on distingue :

1° Le chlorure de potassium pur qui renferme, pour cent : 52,42 de potassium correspondant à 63,14 de potasse anhydre et 47,58 de chlore.

2° Le chlorure de potassium provenant du raffinage des salins de betteraves ; il renferme environ, pour cent : chlorure de potassium, 82,5 à 78 ; sulfate de potasse 9 à 12; carbonate de potasse 1,3 à 2,5 ; carbonate de soude 0,9 à 1,5 ; eau et matières insolubles 6,3 à 10.

3° Le chlorure de potassium provenant des eaux marines (salins de Giraud, Camargue); il renferme, pour cent : chlorure de potassium 75 ; sulfate de magnésie 15 ; chlorure de sodium 2; eau 8.

4° Les chlorures de potassium allemands; le chlorure 5 fois concentré que l'on expédie en France renferme, pour cent : chlorure de potassium 80 à 85 ; chlorure de sodium 10 à 20.

— La vente du chlorure de potassium se fait sur 90 à 80 °/₀ de chlorure de potassium pur; on multiplie par 0,63 pour avoir la teneur en potasse.

Emploi du chlorure de potassium en agriculture. — Au contact du carbonate de chaux ou calcaire du sol, le chlorure de potassium donne du carbonate de potasse et du chlorure de calcium. Le chlorure de calcium, sel nuisible, est éliminé dans les eaux de drainage, à cause de sa grande solubilité ; il en résulte que si le chlorure de potassium est appliqué au sol avant l'hiver ou avant la fin des pluies, le carbonate de potasse reste incorporé au sol et le chlorure de calcium est éliminé ; il y a donc perte de chaux :

Par exemple, 300 kilos de chlorure de potassium enlèvent près de 200 kilos de carbonate de chaux. Si le sol est riche en carbonate de chaux, la perte est insignifiante, mais il n'en est pas de même d'un sol pauvre en chaux. Le chlorure de potassium a une certaine causticité ; il faut éviter de le mettre en contact avec la graine et les jeunes pousses qu'il peut brûler ou flétrir ; par conséquent, il ne faut pas l'appliquer en couverture sur les plantes en végétation ; on l'applique en hiver sur les prairies. On emploie 100 à 150 kilos de chlorure de potassium (ou de sulfate) par hectare pour la culture des céréales, de la vigne et des plantes industrielles ; la dose est de 300 à 500 kilos pour les racines et tubercules, de 300 kilos pour les légumineuses. On augmente la dose dans les terrains pauvres en potasse comme les sables purs ou les terrains crayeux ; l'augmentation est également à recommander dans les terres fortes où les engrais se diffusent lentement.

XIV

Analyse des cendres de végétaux

Les cendres des végétaux ont une composition variable ; elles sont formées de 2 parties, l'une soluble dans l'eau, l'autre insoluble.

La partie soluble est formée ordinairement des substances suivantes : carbonate de potasse, carbonate de soude, chlorure de potassium, sulfate de potasse et traces de silicate de potasse.

La partie insoluble renferme du carbonate de chaux et du carbonate de magnésie, du phosphate de chaux, de la silice, du charbon, des matières organiques, de l'oxyde de fer et de l'alumine.

Les parties fertilisantes des cendres sont formées des sels de potasse, des phosphates et des carbonates de chaux et de magnésie.

1° *Dosage de l'acide carbonique total.* — On opère avec le calcimètre Trubert sur une quantité déterminée de cendres ; on prend 0 gr. 5 ou 1 gramme de cendres ; s'il y a peu de carbonates, on peut opérer sur 2 ou 5 gr. de matière. Un essai préliminaire permet de se rendre compte de la quantité nécessaire pour faire une bonne opération. Le dégagement gazeux sert à évaluer le poids d'acide carbonique ; il faut suivre les précautions indiquées page 5 (voir dosage du calcaire) et verser l'acide goutte à goutte afin d'éviter l'échauffement.

2° *Dosage des carbonates de potasse et de soude.* — On prend un échantillon moyen de cendres, 5 grammes par exemple, on les délaye dans 20 cent. cubes d'eau environ et on fait bouillir pendant quelques minutes ; on filtre ; on lave le résidu avec 20 cent. cubes d'eau bouillante ; on réunit ces eaux de lavage filtrées au premier liquide et on laisse refroidir ; on complète à 100 cent. cubes par addition d'eau. On prélève 10, 20, 30 cent. cubes de cette solution ; la prise d'essai est soumise à un essai semblable à celui des potasses (voir en XV), le dégagement gazeux correspond à l'acide carbonique provenant de la décomposition des carbonates de potasse et de soude. On fait une autre prise de la liqueur et on l'évapore dans la petite capsule ; le poids du résidu obtenu constitue le poids de la partie soluble dans l'eau ; on calcule le poids de chaque carbonate en opérant comme pour les potasses commerciales (voir en XV, cas général).

3° *Dosage du sulfate de potasse et du chlorure de potassium.* — On peut opérer comme il est dit page 39.

4° *Dosage du carbonate de chaux et du carbonate de magnésie.* — On opère sur le résidu insoluble recueilli dans l'opération précédente et provenant d'un poids donné de matière. On obtient le poids de chaque carbonate comme dans le cas des terres magnésiennes, (charrées).

5° *Dosage de l'acide phosphorique total.* — Ce dosage s'effectue comme celui de l'acide phosphorique des phosphates naturels. Prendre 2 à 5 grammes de matière.

Emploi des cendres en agriculture. — Les bois des forêts donnent généralement des cendres riches en potasse dont la quantité varie suivant les essences et le sol. La teneur en potasse est comprise entre 10 et 25 % ; les cendres d'écorces et de feuilles en renferment beaucoup moins. Les cendres non lessivées forment un engrais potassique, phosphaté et calcaire; par le lessivage, on élimine les sels potassiques et on obtient les charrées employées comme engrais phosphaté et calcaire dans les sols granit ques (Bretagne et Vendée). Les charrées produisent de bons effets sur les terres fortes, sur les terres de défrichement et sur les prairies basses.

XV

Analyse des potasses et des soudes commerciales

I. Potasses. — On appelle *potasse commerciale* du carbonate de potasse impur obtenu par l'incinération des végétaux terrestres ou par des procédés industriels.

Composition. — Les potasses commerciales renferment une certaine quantité de carbonate de soude, qui va de 6 millièmes à 4 ou 5 centièmes, quelquefois à 24 centièmes. La présence du carbonate de soude est due à l'existence de sels de soude dans le sol.

On peut considérer la potasse commerciale, surtout la *potasse brute*, comme un mélange de carbonate de potasse, de carbonate de soude, de potasse libre, d'eau, de sulfate de potasse, de chlorure de potassium et de sels divers qui s'y rencontrent accidentellement.

Classification. — Dans le commerce, on distingue :

1° La potasse des cendres des végétaux terrestres ;

2° La potasse des cendres gravelées ;

3° La potasse des vinasses de betteraves ;

4° La potasse du suint ;

5° Les potasses artificielles ;

6° Le carbonate de potasse pur.

Potasse des cendres des végétaux. — On obtient par lessivage :

1° La *potasse impure* ou *salin* obtenue en lessivant les cendres et en évaporant les lessives; on a une matière brune appelée *salin;* 100 kilos de bonnes cendres donnent environ 10 kilos de salin ;

2° La *potasse brute*, obtenue en calcinant le salin à l'air, afin de brûler les matières organiques ; elle est grisâtre, gris perle, jaunâtre, rougeâtre ou bleuâtre. On vend dans le commerce les potasses brutes suivantes : *potasse de Russie* renfermant 69 à 82 % de carbonate de potasse pur ; elle est blanche ou bleu verdâtre et granulée ; la *potasse de Toscane*, en masses régulières, quelquefois en poudre; on en distingue 3 variétés : une *blanche* renfermant 70 à 80 % de carbonate de potasse ; une *grise* ayant 80 à 88 %.

de carbonate et une *bleue* renfermant 70 à 80 °/₀ de carbonate de potasse ; la *potasse des Vosges* en granules grisâtres ou en poussière ; elle renferme 56 à 64 °/₀ de carbonate de potasse ;

3° La *potasse perlasse* ou *potasse blanche*, dont les matières organiques ont été bien brûlées ; les potasses d'Amérique sont rendues caustiques par une lixiviation avec un peu de chaux ; on les trouve en morceaux irréguliers, bleus ou azurés, quelquefois granulés. Elles renferment 43 à 84 °/₀ de carbonate de potasse ;

4° La *potasse rouge d'Amérique*, qui est un mélange de carbonate de potasse et de potasse caustique ; cette potasse est colorée en rouge par de l'oxyde de fer ; elle renferme de 35 à 88 °/₀ de carbonate de potasse ; elle peut renfermer jusqu'à 56 0/0 d'hydrate de potasse

Potasse des cendres gravelées. — Cette potasse provient de la décomposition du bitartrate de potasse qui existe dans les lies de vin. La lie de vin sèche fournit environ 8 °/₀ de cendres gravelées qui renferment 25 à 60 °/₀ de carbonate de potasse. Les lies sont séchées et brûlées. On obtient une potasse légère, boursouflée poreuse, d'un blanc grisâtre. Une bonne cendre gravelée laisse au plus 1/6 de son poids de résidu insoluble.

Potasse des vinasses de betteraves. · Les vinasses constituent le résidu de la distillation des mélasses de betteraves qui donnent de l'alcool ; elles se présentent sous la forme d'un liquide brun, contenant des sels de potasse. Les vinasses, étant concentrées, desséchées et calcinées ou distillées, donnent le *salin de betterave*, résidu brut très riche en carbonate de potasse (47 à 70 °/₀ de carbonate de potasse). Ce salin est noirâtre, spongieux. Sa composition varie avec la nature du sol où la betterave a été cultivée. On y trouve pour cent :

Sulfate de potasse..... .... 1,5 à 6,5.
Chlorure de potassium......................... 6,5 à 2 .
Carbonate de potasse .... 11 à 36.
Carbonate de soude........................... 8 à 16.
Eau et matières insolubles (carbonates terreux, etc) 12 à 27.

On lave ce salin et on concentre la liqueur obtenue ; on obtient d'abord le sulfate de potasse, puis le mélange de carbonate de potasse et de carbonate de soude. Ce carbonate double est traité par un peu d'eau bouillante qui dissout le carbonate de potasse et laisse le carbonate de soude insoluble dans ces conditions. On évapore ensuite l'eau chargée de carbonate de potasse et on calcine le résidu. On obtient alors le carbonate de potasse.

La potasse de betterave épurée est la plus riche et la plus pure des potasses commerciales ; on la trouve en morceaux ou en poussière grisâtre. Elle renferme 78 à 93 °/₀ de carbonate de potasse, 2 à 13 °/₀ de carbonate de soude, un peu de chlorure et de sulfate de potassium et une petite quantité de matières insolubles et d'eau.

Potasse du suint. — On l'obtient en lavant à froid les toisons de mouton ; on évapore la liqueur obtenue et on calcine le résidu. Ce résidu, traité par l'eau, donne un carbonate blanc. Une toison de mouton donne en moyenne 300 grammes de suint qui, desséché, renferme 133 grammes de carbonate de potasse ; 1,000 kilos de laine fournissent environ 75 kilos de carbonate de potasse. Le salin de suint renferme environ 76 °/₀ de carbonate de potasse, 4,5 °/₀ de carbonate de soude, 4 °/₀ de sulfate de potasse, 7 °/₀ de chlorure de potassium, un peu d'eau et de matières insolubles.

5° *Potasses artificielles.* — En Allemagne, on fabrique de grandes quantités de carbonate de potasse en transformant le chlorure de potassium en sulfate de potasse ; ce dernier est transformé en carbonate de potasse par un procédé analogue à celui de Leblanc pour la fabrication du carbonate de soude.

6° *Carbonate de potasse pur*. — On l'obtient en calcinant le bicarbonate de potasse pur ou le bioxalate et bitartrate de potasse purs.

En Angleterre, on emploie la perlasse américaine que l'on transforme dans des fours. Le produit livré au commerce renferme 16 à 18 % d'eau.

Anhydre, le carbonate de potasse pur renferme, pour cent, 31,838 d'acide carbonique et 68,162 de potasse.

II. Soudes. — On appelle *soude commerciale* du carbonate de soude impur obtenu par l'incinération des végétaux marins ou par des procédés industriels.

Composition. — Les soudes commerciales peuvent être considérées comme des mélanges, à proportions variables, de carbonate de soude, de sulfate de soude et de chlorure de sodium renfermant accidentellement des sels divers, surtout des sulfures, sulfites et hyposulfites, des carbonates de chaux et de magnésie, etc

Classification. — On distingue : 1° la soude végétale ; 2° la soude chimique.

1° *Soude végétale.* — Dans les végétaux marins, la soude, combinée à des acides organiques, donne, par incinération et lixiviation des cendres, du carbonate de soude. On a beaucoup vendu les soudes suivantes :

La *soude de barille* (côtes d'Espagne, Alicante, Malaga. Carthagène, îles Canaries). obtenue par l'incinération de la barille ou salsola soda ; cette soude renferme 20 à 40 % de carbonate de soude pur; il y a aussi du sel marin, du sulfate de potasse, des carbonates de chaux et de magnésie, du phosphate de chaux, de la silice et du sable ;

La *soude de Narbonne ou de salicorne* provenant de la combustion de la salicorne ou salicornia annua que l'on sème et que l'on récolte après le développement de la graine ; elle renferme 10 à 15 % de carbonate de soude pur ;

La *soude d'Aigues Mortes ou soude blanquette*, provenant de la combustion des plantes de la famille des chénopodées, renferme 4 à 10 % de carbonate de soude pur ;

La *soude de l'Araxe ou de la Russie méridionale et de l'Arménie*, d'une richesse en carbonate de soude à peu près égale à celle de la blanquette ;

La *soude de varechs* (côtes de Normandie et de Bretagne), obtenue par l'incinération des varechs, fucus ou goémons ; elle renferme 2 % de carbonate de soude et une quantité considérable de carbonate de chaux.

Le *kelp*, provenant des salsolacées et des algues ;

La *soude de betteraves*, qui provient du traitement du charbon de vinasses des distilleries.

2° *Soude chimique* ou *soude artificielle*. — C'est la plus commune dans le commerce. Dans l'industrie on distingue 2 sortes de soude chimique.

1° *La soude Leblanc*, obtenue en transformant le sel marin en sulfate de soude, puis en carbonate. La soude brute est lessivée et en obtient une dissolution aqueuse qui renferme du carbonate de soude, de la soude caustique, du sulfate de soude, du chlorure de sodium et du sulfure de sodium. On évapore la dissolution et on obtient le sel de soude commercial qui sert à préparer les cristaux de soude.

2° *La soude à l'ammoniaque*, obtenue en transformant le sel marin en bicarbonate de soude, puis en carbonate neutre. Elle est très pure.

Dans le commerce, la soude chimique se présente sous les formes suivantes: 1° le *sel de soude anhydre*, formé surtout de carbonate de soude ; il ne doit renfermer que 0 à 5 % de soude caustique ; 2° la *soude caustique anhydre* formée en grande partie de carbonate de soude et renfermant de 16 à 18 %

de soude caustique ; 3° *les cristaux de soude* qui ne doivent pas renfermer de soude caustique ; dans les conditions ordinaires, ils cristallisent avec 10 molécules d'eau ; ils offrent également un grand nombre d'autres degrés d'hydratation.

Carbonate de soude pur et fondu. — Il est blanc, fusible au rouge vif, inaltérable à l'air et indécomposable par la chaleur ; il renferme, pour cent, 41,51 d'acide carbonique et 58,49 de soude anhydre.

Caractères distinctifs des potasses et des soudes commerciales. -- On les distingue communément dans le commerce par les caractères suivants :

Les *potasses* attirent l'humidité de l'air et tombent rapidement en déliquescence : leur solution dans l'eau, étant filtrée et concentrée, ne donne pas de cristaux ; ce n'est qu'en évaporant à siccité qu'on peut obtenir le carbonate de potasse solide ; ce corps se présente alors sous la forme d'une poudre blanche, très déliquescente.

Les *soudes*, au lieu d'attirer l'humidité, perdent au contraire de l'eau à l'air : on dit qu'elles sont efflorescentes ; leur solution dans l'eau donne par concentration des cristaux incolores, devenant opaques au contact de l'air et se recouvrant bientôt d'une poussière farineuse par perte d'eau.

III. **Analyse des soudes commerciales.** — La soude commerciale est généralement exempte de potasse tandis que la potasse commerciale renferme très souvent de la soude. On peut se proposer de faire les essais suivants :

1er Cas. *Essai du carbonate de soude pur et fondu.* — On pèse exactement 0 gram. 4 de carbonate et on le met dans le flacon droit A (fig. 1). On opère ensuite sa décomposition comme celle du calcaire ; il faut employer un acide assez étendu et saturé d'acide carbonique [1] et le verser goutte à goutte pour éviter l'échauffement. On évalue le dégagement gazeux ainsi que le volume correspondant d'acide carbonique sec à zéro degré et sous la pression 760 en suivant les précautions indiquées page 6 et en faisant usage du tableau final. On obtient le poids d'acide carbonique en multipliant le volume d'acide carbonique sec par 1,977746. On obtient le poids de carbonate de soude en multipliant le poids d'acide carbonique par le nombre 53/22 (53 milligrammes de carbonate de soude pur donnent en effet 22 milligr. d'acide carbonique). Cela revient à multiplier le nombre représentant le volume d'acide carbonique sec (évalué en centimètres cubes) par le nombre

$$1,977746 \times \frac{53}{22} = 4,7645.$$ On a le poids en milligrammes.

2° Cas. *Essai d'un carbonate de soude commercial.* — On opère comme dans le 1er cas. Pour éviter les calculs, on peut comparer le dégagement gazeux v donné par 0 gram. 4 de substance au dégagement V donné par 0 gram. 4 de carbonate de soude pur et fondu, dans les mêmes conditions de température et de pression (les deux opérations se font successivement avec le même appareil et la même eau ; la durée étant très courte, on se trouve dans les mêmes conditions.) Le dégagement v sera donc produit par un poids de carbonate de soude de : $\dfrac{0 \text{ gr. } 4 \times v}{V}$. On en déduit le tant pour cent. On peut remplacer le carbonate de soude pur par du carbonate de chaux pur ; 0 gr. 3 de carbonate de chaux correspondent à 0 gr. 318 de carbonate de soude pur.

Application. — Les essais précédents permettent d'établir la formule des

---

(1) On sature ce liquide acide en mettant au fond d'un verre un peu de carbonate de soude ; on verse sur ce carbonate 50 à 100 centimètres cubes de liquide acide et on agite bien ; la liqueur saturée d'acide carbonique doit évidemment rester fortement acide.

différents carbonates de soude bien définis, cristallisés avec une ou plusieurs molécules d'eau et de déterminer la perte d'eau par effloreşcence.

Autre méthode. — On peut transformer le carbonate ɔ soude en carbonate de baryte et opérer la décomposition du carbonat, dɔ baryte comme il est indiqué plus bas (voir 3ᵉ cas).

3ᵉ Cas. Essai d'un carbonate de soude mélangé de soude caustique — On reconnaît qu'il y a de la soude caustique en traitant un poids déterminé de substance par un excès de chlorure de baryum en solution dans l'eau (solution au cinquième); on filtre ; si le liquide filtré est alcalin, c'est à-dire s'il bleuit le tournesol, il y a de la soude libre.

On peut se proposer : 1º de déterminer la proportion de carbonate de soude pur ; 2º de déterminer la proportion de soude caustique. On peut employer plusieurs moyens :

1ᵉʳ MOYEN : 1º *Détermination de la proportion de carbonate de soude pur.* — On opère exactement comme dans le cas précédent ; le dégagement gazeux permet de calculer le poids de carbonate de soude pur renfermé dans la prise d'essai.

2º *Détermination de la proportion de soude caustique.* — *Causticité.* — On prend un poids connu de substance à essayer ; on ajoute son poids de sable non calcaire (1) et moitié de carbonate d'ammoniaque en poudre ; on humecte bien la masse avec de l'eau. On chauffe légèrement le tout bien mélangé dans la capsule jusqu'à ce que toute l'eau soit chassée ; le carbonate d'ammoniaque en excès est alors volatilisé et la soude caustique est transformée en carbonate. Quand la masse est froide, on la décompose comme plus haut et on calcule le poids de carbonate de soude total ; la différence entre ce poids et le poids obtenu en 1º donne le poids de carbonate de soude correspondant à la soude caustique. Ce dernier poids, multiplié par 31/53 ou 0, 5849 donne le poids de soude anhydre; multiplié par 40/53 ou 0,7547, il donne le poids de soude caustique hydratée renfermé dans la prise d'essai. Le nombre obtenu exprime la *causticité de la substance.* On passe au tan' pour cent.

2º MOYEN : *Détermination de la proportion dɔ carbonate de soude pur.* — On dissout 0 gram. 5 de substance dans un pɔu d'eau ; on y ajoute du chlorure de baryum en excès ; on agite en évitant l'accès dɔ l'air (dans le flacon A). Il se forme du carbonate de baryte correspondant au carbonate de soude renfermé dans la prise d'essai. On filtre sur un filtre humide (un filtre sec retient un peu de baryte hydratée) ; le carbonate de baryte reste sur le filtre et la liqueur filtrée renferme du chlorure de sodium et de la baryte hydratée s'il y avait de la soude caustique. On lave aussitôt le filtre et on réunit les eaux de lavage au liquide filtré. On introduit ensuite le filtre et son précipité dans le flacon A de l'appareil (fig. 1) et on décompose le carbonate de baryte par l'acide chlorhydrique étendu. On opère comme dans le cas du calcaire et on évalue le dégagement gazeux. On calcule le poids de l'acide carbonique sec à zéro degré et sous la pression 760 en suivant les précautions indiquées et en faisant usage de la table finale.

Or, on sait que 98 milligr. 5 de carbonate de baryte et 53 milligr. de carbonate de soude correspondent à 22 milligr. d'acide carbonique ; donc on obtiendra le poids de carbonate de soude renfermé dans la prise d'essai en multipliant le poids d'acide carbonique par le nombre 53/22 ou 2,409, ou en multipliant le volume d'acide carbonique sec par 4,7645.

2º *Détermination de la proportion de soude caustique.* — La liqueur, filtrée plus haut, renferme du chlorure de sodium et de la baryte hydratée

---

(1) On ajoute du sable pour éviter les projections pendant la dessiccation et pour enlever plus facilement le résidu de la capsule de porcelaine.

correspondant à la totalité de la soude caustique renfermée dans la prise d'essai. On fait passer dans cette liqueur un courant d'acide carbonique (ajouter de l'eau de seltz). Il se forme du carbonate de baryte que l'on filtre ; on introduit le filtre et le précipité dans le flacon A et on décompose le carbonate de baryte comme précédemment ; on évalue le poids d'acide carbonique produit et on le multiplie par 40/22 ou 1,818 pour obtenir le poids de soude caustique hydratée ou par 31/22 ou 1,409 pour avoir le poids de soude anhydre renfermée dans la prise d'essai.

Si la prise d'essai est trop faible, on opère sur une plus grande quantité de matière de façon à obtenir un dégagement gazeux suffisant (50 à 90 centimètres cubes).

Cas où l'on n'a ni baromètre exact, ni thermomètre, ni balance de précision. — On peut comparer le dégagement gazeux v obtenu avec la prise d'essai au dégagement V produit par un poids déterminé (0 gram. 5) de carbonate de baryte pur et sec. Or 0 gr. 5 de carbonate de baryte correspondent à 0 gram, 269 de carbonate de soude pur ou à 0 gr. 203 de soude caustique hydratée. Le poids de carbonate de soude sera donc : $\dfrac{0 \text{ gr. } 269 \times v}{V}$ et celui de soude hydratée : $\dfrac{0 \text{ gr. } 203 \times v}{V}$. Le carbonate de baryte peut-être remplacé par du carbonate de chaux ; 0 gr. 3 de carbonate de chaux correspondent à 0 gr. 318 de carbonate de soude pur ou à 0 gr. 240 de soude hydratée.

Enfin, lorsqu'on n'a pas de balance de précision, on pèse 50 grammes de substance à essayer et on les dissout dans une quantité d'eau pure et bouillie suffisante pour avoir 1 litre de solution froide ; 10 centimètres cubes de cette solution renferment évidemment 0 gr. 5 de soude à titrer ; on peut opérer sur le produit de l'évaporation, en suivant le 1er moyen, ou sur la solution, en suivant le 2e moyen.

4e cas. — *Cas d'un carbonate de soude renfermant du sulfate de soude, du chlorure de sodium et de la soude caustique.*

Ce cas rentre dans le précédent, le chlorure de baryum agit sur le sulfate de soude pour donner du sulfate de baryte, précipité insoluble qui n'a pas d'influence sur le dosage du carbonate.

5e cas. — *Cas d'une soude renfermant du carbonate de soude, du sulfure de sodium, du sulfite et de l'hyposulfite de soude.*

C'est le cas de la soude préparée par le procédé Leblanc.

On reconnaît la présence des sulfite, hyposulfite et sulfure de sodium en versant de l'acide sulfurique ou de l'acide chlorhydrique dans la solution de soude ; il se dégage de l'hydrogène sulfuré, reconnaissable à son odeur d'œufs pourris, s'il y a des sulfures, et il se forme un dépôt de soufre avec dégagement d'acide sulfureux (odeur de soufre brûlé) s'il y a des hyposulfites.

Enfin, il y a dégagement d'acide sulfureux, sans dépôt de soufre, s'il y a du sulfite.

On reconnaît aussi le sulfure de sodium en ajoutant de l'acétate basique de plomb ; il se forme alors un précipité noir de sulfure de plomb.

L'hyposulfite et le sulfite de soude peuvent se reconnaître par le nitrate d'argent qui produit, à chaud, un précipité noir dans la solution exactement neutralisée par l'acide azotique.

Pour déterminer la proportion de carbonate de soude et d'hydrate de soude caustique dans une soude Leblanc, on transforme préalablement les sulfure, sulfite et hyposulfite en sulfates de soude. A cet effet, on calcine la matière pulvérisée avec un peu de chlorate de potasse (prendre 2 ou 3 grammes de chlorate de potasse pour 10 grammes de soude à essayer) et on chauffe avec précaution dans une capsule de porcelaine jusqu'au rouge en évitant les projections. Si la soude renferme des corps insolubles dans l'eau, il faut les éliminer. Le dosage du carbonate de soude et de la soude caustique se fait ensuite comme dans le 3e cas. On peut doser les carbonates de chaux et de magnésie renfermés dans le résidu en opérant comme dans le cas des terres magnésiennes.

Soude à l'ammoniaque ou soude Solvay. — Cette soude est très pure et ne renferme en général qu'un peu de chlorure de sodium. On détermine la proportion de carbonate de soude pur comme dans le 2e cas.

IV. Analyse des potasses commerciales. — Lorsque les potasses commerciales sont exemptes de carbonate de soude, on y dose le carbonate de potasse pur et la potasse caustique en opérant comme pour le dosage du carbonate de soude et de la soude caustique dans les soudes commerciales. On prend 0 gr. 5 de substance. Quand on évalue le poids d'acide carbonique produit, on multiplie ce poids par 69,1/22 ou 3,1409 pour obtenir le poids de carbonate de potasse pur renfermé dans la prise d'essai (69 milligr. 1 de carbonate de potasse pur donnent 22 milligr. d'acide carbonique), ce qui revient à multiplier le volume d'acide carbonique sec par 6,212. On peut également comparer le dégagement gazeux produit par l'échantillon (0 gr. 5) à celui qui provient de 0 gr. 5 de carbonate de potasse pur et fondu. Ainsi, par exemple, 0 gr. 5 de carbonate pur et fondu ont produit un volume gazeux de 86^{cc},5 et 0 gr. 5 de potasse commerciale ont donné 78^{cc} dans les mêmes conditions. Il en résulte que la prise d'essai renferme : $\dfrac{0 \text{ gr. } 5 \times 78}{86,5} = 0$ gr. 45086 de carbonate de potasse pur, soit 90,17 0/0. Le carbonate de potasse pur peut être remplacé par du carbonate de chaux pur ; 0 gr. 3 de carbonate de chaux correspondent à 0 gr. 4146 de carbonate de potasse pur. (50 gr. de carbonate de chaux correspondent à 69 gr. 1 de carbonate de potasse, à 56 gr. 1 de potasse hydratée ou à 47 gr. 1 de potasse anhydre). On peut aussi transformer le carbonate de potasse en carbonate de baryte et opérer comme il est indiqué page 48. Il faut alors se rappeler que 98 milligr. 5 de carbonate de baryte correspondent à 69 milligr. 1 de carbonate de potasse, à 56 milligr. de potasse caustique hydratée, à 47 milligr. 1 de potasse caustique anhydre ou à 22 milligr. d'acide carbonique.

On reconnaît et on dose la potasse libre comme la soude libre. La *causticité* de la potasse analysée est le poids de potasse caustique anhydre renfermée dans la prise d'essai. On l'exprime ordinairement en tant pour cent : ainsi la potasse rouge d'Amérique renferme quelquefois, à l'état libre, 40 0/0 de potasse caustique anhydre.

Enfin la présence du sulfate et du chlorure de potassium n'a pas d'influence sur le dosage du carbonate et on peut transformer les sulfure, sulfite et hyposulfite de potasse par le chlorate.

V. Cas général. — *Détermination des proportions de carbonate de potasse et de carbonate de soude dans une potasse commerciale. — Procédé Trubert.* — *Principe.* — On sait que 69 milligr. 1 de carbonate de potasse et 53 milligr. de carbonate de soude, décomposés par un acide dégagent 22 milligr. d'acide carbonique. Connaissant le poids total p du carbonate de potasse et du carbonate de soude, on calcule séparément les poids de chaque carbonate lorsque l'on connaît le volume total d'acide carbonique produit par l'ensemble des deux carbonates. On peut procéder de deux manières.

1re manière. — On détermine le volume du dégagement d'acide carbonique produit par un poids donné de la substance, par exemple 0 gr. 5.

On effectue cette décomposition dans le calcimètre Trubert en suivant les précautions indiquées ; on calcule le volume d'acide carbonique sec à zéro degré et sous la pression 760 en faisant usage du tableau final. Soit V_0 ce volume.

Le poids K du carbonate de potasse est alors donné par la formule :

$$K = 4,2919 \times p - 20,4493 \times V_0 \text{ (1)}$$

et le poids N de carbonate de soude, par la formule :

$$N = 20,4493 \times V_0 - 3,2919 \times p,$$

ou en faisant la différence $p - K$.

Détermination du poids total p des carbonates de potasse et de soude. — En prenant un poids donné P de la substance (par exemple 5 grammes), on détermine : 1° Le poids p_1 du résidu insoluble dans l'eau (filtrer, laver le résidu, dessécher complètement et peser) ;

2° Le poids p_2 de l'eau s'il y en a (par dessication) ;

3° Le poids p_3 de sulfate de potasse (on ajoute du chlorure de baryum en excès dans la prise d'essai dissoute dans un peu d'eau, il se forme du carbonate de baryte et du sulfate de baryte insolubles, on filtre, on dessèche le précipité et on le pèse, puis on détermine le poids de carbonate de baryte renfermé dans le résidu en opérant comme pour le calcaire ; le dégagement d'acide carbonique permet de calculer le poids d'acide carbonique (table finale); il suffit de multiplier ce poids par 98,5/22 ou 4,477 pour avoir le poids de carbonate de baryte ; la différence entre les poids du résidu total et du carbonate de baryte donne le poids de sulfate de baryte ; sachant que 116 gr. 5 de baryte correspondent à 87 gr. 1 de sulfate de potasse, il est dès lors facile de calculer le poids de sulfate de potasse renfermé dans la prise d'essai.

On peut également doser le sulfate de potasse comme il est indiqué en XII ;

4° Le poids p_4 du chlorure de potassium, par pesée du chlorure d'argent produit par addition d'azotate d'argent ou par transformation en sulfate puis en carbonate comme il est indiqué page 42.

Poids total des carbonates de potasse et de soude. — On obtient le poids total des carbonates de potasse et de soude en faisant la différence :

$$P - (p_1 + p_2 + p_3 + p_4) = p.$$

EXEMPLE : 0 gramme 500 de potasse commerciale ont donné un dégagement gazeux de 71 cent. cubes à 12 degrés et sous la pression de 754. Ce volume correspond à 66cc,52 d'acide carbonique sec à zéro degré et sous la pression 760 (tableau final). Le poids total des carbonates ayant été trouvé égal à 376

---

(1) Voici comment nous avons établi cette formule : soit x le volume d'acide carbonique sec à zéro degré et sous la pression 760 produit par le poids inconnu de carbonate de potasse; soit y celui qui est produit par le carbonate de soude ; on a : $V_0 = x + y$ (1),

Le poids du carbonate de potasse est de : $x \times 1,977746 \times \dfrac{69,1}{22}$ milligr.;

Le poids du carbonate de soude est de : $y \times 1,977746 \times \dfrac{53}{22}$ milligr.;

On a donc : $p = x \times 1,977746 \times \dfrac{69,1}{22} + y \times 1,977746 \times \dfrac{53}{22}$ (2).

De (1) on tire $y = V_0 - x$; remplant y dans (2) et effectuant, il vient :

$p = 1,44734\,x + 4,76457\,V_0$; d'où $x = \dfrac{p - 4,76457 \times V_0}{1,44734}.$

Par suite, le poids K de carbonate de potasse est de :

$$K = \dfrac{69,1}{22} \times 1,977746\,x = 6,21191\,x = 4,2919\,p \times - 20,4493 \times V_0.$$

Un calcul analogue donne pour le poids N de carbonate de soude :

$$N = 20,4493 \times V_0 - 3,2919 \times p.$$

milligrammes. on obtient, pour poids de carbonate de potasse :

$$K = 4,2919 \times 376 - 20,4493 \times 66.52 = 253 \text{ millig. } 4.$$

Le poids du carbonate de soude est donc : $376 - 253,4 = 122$ milligr. 6.

2º manière (applicable quand on n'a ni baromètre exact ni thermomètre). On détermine d'abord le poids total des carbonates de potasse et de soude dans 0 gr. 500 de substance, soit 376 milligr.; on évalue ensuite le dégagement gazeux produit par la décomposition de 0 gr. 500 de substance ; soit 71 centimètres cubes.

On décompose immédiatement après, dans les mêmes conditions, 376 milligrammes de carbonate de soude pur et sec en versant la liqueur goutte à goutte. On obtient un dégagement de 84cc,2. Si l'on opérait sur 0 gr. 376 de potasse pur et sec, on aurait : $84,2 \times \dfrac{53}{69.1} = 64^{cc},6.$

Donc, la différence : $84,2 - 64,6 = 19^{cc},6$ correspond à 376 milligr. de carbonate de soude ; par suite, une différence de $71 - 64,6 = 6^{cc},5$ correspond à un poids de : $\dfrac{376 \times 6,4}{19,6} = 122$ milligr. 7 de carbonate de soude.

Le poids de carbonate de potasse sera donc : $376 - 122,7 = 253$ millig. 3.

APPLICATION : *Dosage des carbonates de potasse et de soude dans les cendres.* — On opère sur la partie soluble dans l'eau ; on peut doser les carbonates de chaux et de magnésie sur le résidu.

Dosage des carbonates alcalins dans les eaux minérales. — On enlève préalablement les parties terreuses ou insolubles et l'on concentre la liqueur filtrée qui renferme les carbonates alcalins.

Dosage des alcalis dans les savons. — On brûle complètement 10 grammes de savon ; les alcalis passent à l'état de carbonates ; on traite les cendres par 50 centimètres cubes d'eau ; on filtre.

Pour obtenir le poids des carbonates alcalins, on évapore parfaitement 10 centim. cubes de la solution et on pèse le résidu (capsule) ; on dose ensuite le sulfate de soude comme le sulfate de potasse ; sachant que 116 gr. 5 de sulfate de baryte correspondent à 71 gr. de sulfate de soude, on calcule le poids de sulfate de soude renfermé dans 10 c. c. de la solution. Si le chlorure de sodium n'était pas volatilisé, on le doserait également. En retranchant du poids total du résidu les poids de sulfate de soude et de chlorure de sodium, on obtient le poids total des carbonates alcalins.

On évalue ensuite le dégagement d'acide carbonique V_0 produit par 10 c. c. de la solution évaporés dans une capsule de porcelaine en présence de sable non calcaire ; il suffit alors d'appliquer les formules précédentes, ou d'opérer suivant la 2º manière, pour obtenir séparément les poids de carbonate de potasse et de carbonate de soude.

Savons de soude. — Le procédé se simplifie pour les savons de soude qui ne renferment pas de potasse ; il suffit alors d'évaluer le dégagement gazeux produit par l'attaque des cendres d'un poids déterminé de savon et de calculer en carbonate de soude ou en soude caustique (22 milligr. d'acide carbonique correspondant à 53 milligr. de carbonate de soude et à 31 milligr. de soude caustique anhydre). Le dosage se fait comme celui du carbonate de soude commercial.

Usage du carbonate de potasse en agriculture. — Le salin brut provenant des mélasses de betteraves est souvent utilisé directement par l'agriculture ; on doit toujours en faire l'analyse avant de l'acheter. Les potasses brutes provenant des cendres et servant à l'extraction du carbonate de potasse sont trop chères ; on utilise seulement les produits potassiques riches en sulfate de potasse et en chlorure de potassium et renfermant peu de carbonate.

Le carbonate de potasse est fixé dans le sol sans décomposition ; aussi, les plantes peuvent en tirer un parti immédiat ; cependant, à cause de sa causticité, il peut brûler ou flétrir, par contact, les organes foliacés. Il ne faut donc pas l'employer en couverture. Il n'en est pas de même lorsqu'il est enfoui dans le sol. Il se fixe alors sur l'humus et sur les silicates et oxydes hydratés en perdant sa causticité ; en même temps, il augmente la solubilité de la matière organique. Enfin, en présence de l'acide carbonique du sol, il perd également sa causticité en se transformant en bicarbonate de potasse.

XVI

Dosage du tannin dans les matières astringentes (substances tannantes servant au tannage des peaux, liquides divers, etc)

1°. *Cas d'une substance solide.*— On prépare d'abord une solution alcaline en dissolvant une partie de potasse ou de soude caustiques dans 2 parties d'eau. Cette solution est conservée dans un flacon bien bouché ; on laisse le flacon prendre la température de la salle. On réduit la substance tannante en poudre aussi fine que possible, à l'aide d'une râpe fine, et on en pèse 0 gr. 100 à 0 gr. 200 si la substance est riche en tannin et 0 gr. 5 à 1 gramme si la matière est peu riche comme l'écorce de chêne. La substance pesée est enveloppée dans un peu de papier buvard. On introduit ensuite 10 cent. cubes de la solution alcaline dans l'éprouvette graduée, puis la substance, soit 0 gr. 05 de tannin pur à l'éther ; on ferme l'éprouvette avec le bouchon de caoutchouc à deux ouvertures dont un des orifices a été fermé avec un bout de verre, l'autre orifice étant ouvert. On ferme ce dernier orifice avec un autre bout de verre que l'on enfonce jusqu'à la partie inférieure du bouchon. On introduit ainsi $0^{cc},8$ d'air, c'est à-dire un volume d'air égal au volume de la partie creuse du bouchon. L'éprouvette est aussitôt retournée et on lit le volume d'air qu'elle renferme. Soit 87 cent. cubes. On évalue ensuite la hauteur barométrique, soit 756, et la température de la salle, soit 14 degrés. Il faut ajouter $0^{cc},8$ à 87^{cc} pour avoir le volume total d'air renfermé dans l'éprouvette, soit $87^{cc},8$.

On agite plusieurs fois l'éprouvette horizontalement en la posant simplement sur une table. Le tannin absorbe une partie de l'oxygène de l'air en présence de la potasse et le liquide se colore en brun. Au bout de 24 heures, l'opération est terminée ; l'éprouvette est alors plongée entièrement dans l'eau froide, le fond en haut ; au bout de quelques minutes, on l'ouvre ; il y a une légère absorption et l'eau monte dans l'éprouvette. Lorsque le niveau reste invariable, on lit le volume gazeux qui reste dans l'éprouvette en égalisant les niveaux de l'eau de la cuve et de celle de l'éprouvette, soit 75 cent. cubes, à la pression 762, et à la température 11 degrés (température du bain d'eau). Le tableau final montre que $75^{cc},5$ de gaz sous la pression 762 et à la température 11 degrés correspondent à : $0,9526 \times 75,5 = 71^{cc},92$ de gaz sec sous la pression 760 et à la température zéro degré.

On trouve également dans le même tableau que $87^{cc},8$ d'air sous la pression 756 et à la température 14 degrés correspondent à : $0,9312 \times 87.8 = 81^{cc},76$ d'air sec sous la pression 760 et à la température zéro degré. Donc le volume d'oxygène sec absorbé par le tannin est de : $81,76 - 71,92 = 9^{cc},84$.

Or, on sait que 20 cent. cubes d'oxygène sont absorbés par 0 gr. 1 de tannin, il en résulte que $9^{cc},84$ d'oxygène ont été absorbés par : $\dfrac{0 \text{ gr. } 1 \times 9,84}{20}$

= 0 gr. 049 de tannin.

Nota. — Lorsqu'on n'a pas de baromètre ni de thermomètre, on obtient approximativement le poids de tannin en grammes, dans les conditions ordinaires, en faisant la différence entre les volumes d'air lus avant et après l'absorption et en multipliant le nombre de centimètres cubes par 0,004. On en déduit le tant pour cent.

2°. *Cas d'une substance liquide ou d'un tannin en dissolution.* — On en introduit un certain volume dans l'éprouvette avec 10ᶜᶜ de liqueur alcaline. Si la substance est trop riche en tannin, on l'étend d'eau.

Application. — Dosage du tannin dans les vins, dans le jus de la pomme ou de la poire, dans le cidre et le poiré.

XVII

Etude du moût ou jus de raisin

I. *Acidité du moût.* — L'acidité totale du jus d'un raisin mûr est d'environ 12 à 18 grammes par litre, acidité évaluée en acide tartrique (en ne tenant pas compte de l'acide carbonique). Elle s'abaisse à 8 grammes après la 1ʳᵉ fermentation, descend jusqu'à 6 ou 4 grammes dans les vins nouveaux et diminue encore par le vieillissement du vin. Cette diminution est due d'abord à la précipitation partielle du bitartrate de potasse, puis à l éthérification des acides libres (les acides éthérifiés concourent cependant au titre acide).

Dans le midi, l'acidité totale du moût peut être inférieure à 9 grammes d'acide tartrique par litre ; il en résulte un manque de fraîcheur, de limpidité, de brillant, une coloration instable et une conservation imparfaite. Depuis la suppression du plâtrage, il est indispensable de s'assurer que le degré d'acidité du moût n'est pas descendu au dessous de la limite favorable à la conservation du vin. Il faut au moins 12 grammes d'acidité tartrique totale par litre de moût pour obtenir une bonne conservation. L'excès d'acidité dû à la crême de tartre n'a pas d'inconvénient puisque la fermentation alcoolique l'élimine. Lorsqu'on veut augmenter l'acidité d'un moût, on opère comme il est dit plus bas.

Acidité des moûts égrappés. — L'acidité des moûts égrappés est plus grande que celle des moûts non égrappés provenant du même raisin. On a remarqué que l'acidité moyenne des sucs de la rafle n'atteint pas la moitié de celle du moût. Il en résulte que l'eau de végétation de la rafle produit un appauvrissement de l'acidité totale du vin. Il faut remarquer en outre que la rafle apporte plusieurs corps étrangers, des matières terreuses et des poussières alcalines qui saturent les acides du moût. On peut donc dire d'une manière générale que la rafle diminue l'acidité du vin, en même temps que le degré alcoolique.

Détermination de l'acidité du moût de raisin. — On détermine autant que possible l'acidité de chaque vendange cueillie. Dans chaque lot de vendange, on prend, de place en place, de petites quantités de moût et on filtre le mélange à travers un linge fin, un mouchoir par exemple, afin d'enlever les corps solides, les pellicules, etc. Le liquide filtré est ensuite chauffé à l'ébullition dans le petit ballon du nécessaire Trubert, afin de chasser l'acide carbonique qui pourrait provenir d'un commencement de fermentation ; on laisse refroidir et on détermine l'acidité sur 20 cent. cubes de liqueur refroidie, en opérant comme pour le vin (voir plus loin).

Augmentation de l'acidité d'un moût. — Le dosage de l'acidité donne immédiatement l'acidité du moût en acide tartrique ; lorsque l'acidité est jugée trop faible pour une bonne fermentation, on ajoute de l'acide tartrique pour ramener le moût au taux d'acidité que l'on veut obtenir. Exemple, un moût ayant une acidité de 8 gr. 2, on veut obtenir une acidité de 10 gr.; il faudra ajouter 1 gr. 8 d'acide tartrique par litre de moût ou 180 gr. par hecto ; on dissout l'acide tartrique dans un peu d'eau avant de l'ajouter à la cuve.

II. *Dosage du glucose ou sucre de raisin.* — On fait fermenter un certain volume de moût, étendu d'eau s'il y a lieu. On opère comme il est dit en XVIII (voir dosage du sucre fermentescible dans les vins).

III. *Densité du moût.* — On opère comme pour le moût ou jus de pomme (voir en XXI).

XVIII

Analyse des vins

I. Dosage de l'alcool (degré alcoolique). — On soumet à la distillation un volume déterminé de vin. On emploie l'appareil Trubert (fig. 3) qui a l'avantage d'éviter l'évaporation de l'alcool.

Description de l'appareil Trubert. — L'appareil se compose :

1° Du ballon de verre L que l'on peut fermer par un bouchon de caoutchouc (prendre le bouchon à 2 orifices ; l'un est fermé par un bout de verre b, l'autre est traversé par le tube recourbé I).

2° Du flacon P, fermé par un bouchon percé de deux ouvertures : l'une, qui laisse passer le tube I C M qui relie le ballon au flacon (ce tube est formé des parties I et M réunies par le tube de caoutchouc C) ; l'autre, qui laisse passer le tube N, ouvert à ses deux extrémités et effilé à la partie inférieure ;

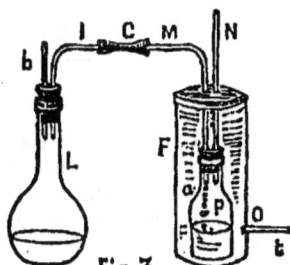
Fig. 3

3° De la petite cuve de verre F dont l'orifice O peut être ouvert ou fermé à volonté par une tige de verre t conique munie d'une bague de caoutchouc.

4° D'une petite éprouvette à pied et d'un alcoomètre étalonné.

Manière d'opérer : 1° *Vins ordinaires.* — Si le vin est un peu chaud, on le rafraîchit en le plongeant dans l'eau froide (vers 15 degrés). On mesure ensuite le volume de vin que l'on veut distiller en remplissant une fois le flacon P jusqu'à l'origine du goulot (trait *a* de la figure 3) ; le vin mesuré est versé dans le ballon L, puis on y ajoute un égal volume d'eau (1).

On ferme le flacon P, bien égoutté, avec le bouchon muni des 2 tubes N et M C I, en ayant soin de disposer l'extrémité de ces tubes à une distance de 2 ou 3 millimètres de l'origine du goulot. Le flacon P, ainsi disposé, est placé dans la cuve F, l'orifice O étant fermé. Enfin, on ferme le ballon L avec le bouchon muni du tube I et de la tige pleine b ; on le place sur le feu (lampe à alcool, charbons allumés, bain de sable) et l'on remplit d'eau froide la cuve F. Le vin entre bientôt en ébullition et la vapeur se condense en P ; il faut chauffer modérément (placer le ballon sur la toile métallique et la cuve F sur une ou deux briques).

On renouvelle de temps en temps l'eau de la cuve en ouvrant l'orifice O et en versant de l'eau froide (on peut également faire arriver un courant continu d'eau froide). On fait bouillir le vin jusqu'à ce que le liquide recueilli en

(1) On peut remplacer l'eau par de l'eau de chaux qui neutralise les acides volatils et empêche leur vaporisation ; on évite ainsi les variations de densité du liquide distillé.

P atteigne l'origine du goulot c'est-à-dire vienne jusqu'au trait *a* [1]. On cesse alors le feu et on retire le flacon P de la cuve. Le liquide distillé étant agité, puis reposé, est versé dans la petite éprouvette à pied ; on y plonge l'alcoomètre essuyé avec un linge fin légèrement imprégné d'eau-de-vie et un thermomètre essuyé avec un linge propre. On note ensuite les indications du thermomètre et de l'alcoomètre lorsque la colonne du thermomètre et l'alcoomètre sont immobiles. On doit lire l'indication de l'alcoomètre au dessous du ménisque (courbe qui s'élève autour de la tige) en faisant passer les rayons visuels dans le plan de la surface libre du liquide ; on lit la division de l'alcoomètre qui se trouve dans ce plan.

On détermine ensuite le degré alcoolique réel en faisant usage de la table suivante (table de Gay-Lussac) ; à cet effet, on cherche le point de rencontre de la ligne horizontale correspondant au degré indiqué par le thermomètre et de la ligne verticale qui correspond à l'indication de l'alcoomètre ; le nombre trouvé exprime le degré alcoolique réel du vin à 15 degrés centigrades.

EXEMPLE : L'alcoomètre, plongé dans le liquide distillé, marque 9 et le thermomètre 16. La table de Gay Lussac donne 8,9 ; c'est le degré alcoolique réel du vin à la température de 15 degrés centigrades ou le volume d'alcool absolu pour cent de vin. [2]

2° *Vins très alcooliques* (marquant plus de 15 degrés alcooliques). — Le vin est préalablement additionné de son volume d'eau ; on mélange bien et on prend la moitié du vin ainsi étendu ; ou est alors ramené au cas précédent. On double le degré alcoolique obtenu. Si la quantité d'eau est insuffisante on ajoute au vin 2, 3... fois son volume d'eau et on triple, quadruple... le degré alcoolique trouvé.

3° *Vins acides ou piqués*. — Ces vins sont additionnés d'eau de chaux ou de carbonate de soude avant la distillation, qui se fait ensuite comme celle des vins ordinaires.

4° *En cas de contestation*, on peut évaluer le degré alcoolique en distillant un volume de vin égal au double de la contenance du flacon P rempli jusqu'au trait *a*. On recueille en P un volume de liquide distillé égal à la moitié du volume total du vin. Ce liquide distillé est soumis de nouveau à la distillation en présence de la moitié de son volume d'eau de chaux et de la moitié de son volume d'eau distillée ; on arrête la distillation lorsqu'on a obtenu la moitié du volume total dont on détermine le degré alcoolique réel comme précédemment.

Table de Gay-Lussac (table des richesses alcooliques)

Cette table donne le volume d'alcool absolu renfermé dans 100 parties du liquide alcoolique, d'après le degré de l'alcoomètre observé à différentes températures. Exemple : l'alcoomètre marque 9, le thermomètre 16. La richesse alcoolique est 8,9 c'est-à-dire que 100 litres de liquide alcoolique renferment 8 lit. 9 d'alcool pur.

Pour calculer le poids de l'alcool, on multiplie le volume d'alcool pur par sa densité 0,7947, ou, en nombre rond, par 0,8. Ainsi 8 lit. 9 d'alcool pur

(1) Si l'on a versé dans la cuve F de l'eau froide en quantité suffisante, le liquide distillé est sensiblement à la même température que le vin refroidi par la même eau au moment du mesurage.

(2) L'appareil (fig. 3) est très recommandable pour la recherche des alcools de tête et de queue qui peuvent accompagner les alcools d'industrie. En mettant quelques morceaux de glace dans l'eau de la cuve F, on peut recueillir entièrement les produits de tête ayant un point d'ébullition peu élevé. Le liquide alcoolique recueilli dans le flacon P permet de rechercher les impuretés de l'alcool de vin.

pèsent : 0,7947 × 8,9 = 7 kilos, 073 (à 15 degrés centigrades). 100 litres de vin considéré renferment donc 7 kilos 073 d'alcool absolu.

Table de Gay Lussac

	INDICATIONS DE L'ALCOOMÈTRE																	
	1	2	3	4	5	6	7	8	9	10	11	12	13	14	15	16	17	18
10	1.4	2.4	3.4	4.5	5.5	6.5	7.5	8.5	9.5	10.6	11.7	12.7	13.8	14.9	16	17	18.1	19.2
11	1.3	2.4	3.4	4.4	5.4	6.4	7.4	8.4	9.4	10.5	11.6	12.6	13.6	14.7	15.8	16.8	17.9	19
12	1.2	2.3	3.3	4 3	5.3	6 3	7.3	8.3	9.3	10.4	11.5	12.5	13.5	14.6	15.6	16.6	17.6	18.7
13	1.2	2.2	3.2	4.2	5.2	6.2	7.2	8.2	9.2	10.3	11.4	12.4	13.4	14.4	15.4	16 4	17.4	18.5
14	1.1	2.1	3.1	4.1	5.1	6.1	7.1	8.1	9.1	10.2	11.2	12.2	13.2	14.2	15.2	16.2	17.2	18.2
15	1	2	3	4	5	6	7	8	9	10	11	12	13	14	15	16	17	18
16	0 9	1.9	2.9	3 9	4.9	5.9	6.9	7.9	8.9	9.9	10.9	11.9	12.9	13.9	14.9	15.9	16.9	17.8
17	0.8	1.8	2.8	3.8	4.8	5.8	6.8	7.8	8.8	9.8	10.8	11.7	12.7	13.7	14.7	15.6	16.6	17.5
18	0.7	1.7	2.7	3.7	4.7	5.7	6.7	7.7	8.7	9.7	10.7	11.6	12.5	13.5	14.5	15.4	16.3	17.3
19	0 6	1.6	2.6	3.6	4.5	5.5	6.5	7.5	8.5	9.5	10.5	11.4	12.4	13.3	14.3	15.2	16.1	17
20	0.5	1.5	2.4	3.4	4.4	5.4	6.4	7.3	8.3	9.3	10.3	11.2	12.2	13.1	14	14.9	15.8	16.7
21	0.4	1.4	2.3	3.3	4.3	5.2	6.2	7.1	8.1	9.1	10.1	11	11.9	12.8	13.7	14.6	15.5	16.4
22	0.3	1.3	2.2	3.2	4.1	5.1	6 1	7	7.9	8.9	9 9	10.8	11.7	12.6	13.5	14.4	15.3	16 2
23	0.1	1.1	2.1	3.1	4	4.9	5.9	6.8	7.8	8.7	9.7	10.6	11.5	12.4	13.3	14.1	15	15.9
24	0	1	1.9	2.9	3.8	4.8	5.8	6.7	7.6	8.5	9.5	10.4	11.3	12.2	13.1	13.9	14.8	15.7
25	0	0.8	1.7	2.7	3 6	4.6	5.5	6.5	7.4	8.3	9.3	10.2	11.1	12	12.8	13.6	14.5	15.4
26	0	0.7	1.6	2 6	3.5	4.4	5.4	6.3	7.2	8.1	9	9.9	10.8	11.7	12.6	13.4	14.2	15.1
27	0	0.5	1.5	2.4	3.3	4.3	5.2	6.1	7	7.9	8.8	9.7	10 6	11.5	12.3	13.1	13.9	14.8
28	0	0.3	1.3	2.2	3.1	4.1	5	5.9	6 8	7.7	8.6	9.5	10.3	11.2	12	12.8	13.6	14.4
29	0	0.1	1.1	2	2.9	3.9	4.8	5.7	6.6	7.5	8.4	9.2	10.1	11	11.7	12.5	13.3	14.1
30	0	0	0.9	1.9	2.8	3.7	4.6	5.5	6.4	7.3	8.1	9	9.8	10.7	11.5	12.3	13	13.8

(Colonne de gauche : INDICATIONS DU THERMOMÈTRE)

Dosage de l'extrait sec. — Densité du vin

L'extrait sec du vin est formé par l'ensemble des substances normales qui ne se volatilisent pas à 100 degrés ou dans le vide : glycérine, acide succinique, sucres, matières colorantes, acides organiques, tannins, éthers fixes, albumines, graisses, gommes, sels, etc.

Dosage de l'extrait sec. — 1re méthode. — Par évaporation. — On évapore à siccité 20 centimètres cubes de vin dans la capsule jointe à l'appareil. L'évaporation se fait en plongeant le fond de la capsule dans l'eau bouillante ou dans un bain de sable calciné et sec. On prolonge l'évaporation jusqu'à ce que le résidu ait un poids invariable. Avec un bain de sable, l'opération est plus rapide et l'on obtient des nombres plus élevés, car la perte de glycérine et autres substances volatiles est moindre. L'augmentation de poids de la capsule, multipliée par 50, donne le poids d'extrait par litre.

Dans l'évaporation à 100 degrés, on élimine l'eau, l'alcool, certains éthers et un peu de glycérine, surtout si l'évaporation a été faite rapidement et longtemps. En outre, les matières organiques telles que les gommes, dextrines, sucres, matières colorantes, sels à acide organique se modifient sous l'influence de la chaleur et perdent de leur poids. Pour éviter ces pertes, on dessèche le vin dans un récipient où l'on a fait le vide ; ce récipient renferme des substances desséchantes comme de l'acide sulfurique concentré puis de l'acide phosphorique anhydre : l'opération dure plusieurs jours.

Dans cette manière de procéder, il n'y a pas de pertes par évaporation et par altération. Le poids de l'extrait sec obtenu dans le vide est toujours plus élevé que celui que l'on obtient par évaporation à 100 degrés ; on obtient le poids de l'extrait sec dans le vide en multipliant le poids d'extrait à 100 degrés par le nombre 1,26.

Remarque. — Cette méthode est trop lente pour les besoins du commerce.

2e méthode. — *Méthode aréométrique.* — L'alcoomètre, joint à l'appareil, est plongé dans le vin versé préalablement dans l'éprouvette à pied ; il est nécessaire que l'alcoomètre soit bien propre ; à cet effet, on mouille la tige avec le vin à essayer et on l'essuie avec un linge propre.

Lorsque l'alcoomètre est immobile, on lit la division de la tige qui se trouve dans le plan de la surface du liquide, c'est à dire au-dessous du ménisque (courbe qui s'élève autour de la tige). En remplissant complètement de vin l'éprouvette à pied, il est facile d'observer la division exacte du point d'affleurement.

On détermine en même temps la température en plongeant le thermomètre dans le vin et en notant la position de la colonne thermométrique lorsqu'elle est immobile. Si la température est 15 degrés, le tableau A indique la densité du vin à 15 degrés. Si la température n'est pas égale à 15 degrés, on corrige l'indication de l'alcoomètre en se servant des tableaux B et C (voir plus loin), après la détermination du degré alcoolique. Connaissant le degré alcoolique du vin à la température de 15 degrés centigrades et la division donnée par l'alcoomètre à la même température, le tableau D permet d'obtenir le poids en grammes de l'extrait sec renfermé dans 1 litre de vin à la même température.

Le tableau D a été établi en déterminant l'extrait sec d'un grand nombre d'échantillons de vins faits ; la méthode employée a été celle qui est indiquée dans l'Instruction pratique du Comité des arts et manufactures (dessication au bain marie dans une capsule de platine de dimensions déterminées) Nous avons observé en même temps les indications données par un alcoomètre étalonné très sensible plongé dans le vin. Les densités correspondant aux indications de l'alcoomètre (voir tableau A) ont été extraites de la table des densités des mélanges d'eau et d'alcool absolu dressée par le Bureau national des poids et mesures (décret du 27 septembre 1884. Journal officiel du 30 décembre 1884).

1er exemple. — L'alcoomètre, plongé dans le vin, marque 2,8 à la température 12 degrés ; le degré alcoolique ayant été trouvé égal à 11 à la température 15 degrés, le tableau B montre qu'il faut ajouter 0,4 à 2,8 ; la division donnée par l'alcoomètre à la température 15 degrés est donc 3,2. Pour obtenir le poids de l'extrait sec, on se sert du tableau D ; au point de rencontre de la ligne horizontale 3,2 et de la ligne verticale 11 (degrés alcooliques), on trouve le nombre 21,8 ; ce nombre exprime le poids en grammes de l'extrait sec renfermé dans 1 litre de vin à la température de 15 degrés. Le tableau A montre que la densité du vin à 15 degrés est 0,9952.

2e exemple. — L'alcoomètre, plongé dans le vin à la température de 15 degrés, marque 3,2 ; le degré alcoolique étant 11, le tableau donne immédiatement le poids de l'extrait par litre soit 21 gr. 8 ; le tableau A donne la densité du vin à 15 degrés, soit 0,9952.

3e exemple. — L'alcoomètre, plongé dans le vin à 21 degrés, marque 4 ; le degré alcoolique étant 11, le tableau C montre qu'il faut retrancher 0,8 de 4. Il reste 3,2 ; le tableau D donne 21 gr. 8 d'extrait et le tableau A la densité.

4e exemple. — L'alcoomètre plongé dans un vin marque 2,75 à 15 degrés (correction faite) et on trouve un degré alcoolique égal à 10,2.

Voici comment on pourra calculer le poids d'extrait :

Le nombre 2,75 se trouve compris entre 2,6 et 2,8. Au point de rencontre de la ligne horizontale 2,6 et des lignes verticales 10 et 11 (degrés alcooliques entre lesquels se trouve compris 10,2), on trouve 21,2 et 23,6, soit une différence de 2,4 pour 1 degré alcoolique; pour 1 dixième de degré il y a une différence de 0,24 et pour 2 dixièmes, une différence de 0,24 × 2, soit 0,48. Par suite le nombre correspondant à la division 2,6 et au degré 10,2 serait 21,2 + 0,48 soit 21,68. Un calcul analogue montre que le nombre corres pondant à la division 2,8 et au degré 10.2 est de 21,08.

Donc, pour la différence 2,8 — 2,6 ou 0,2, il y a une différence d'extrait de 21,68 — 21,08 ou 0 gr. 6; dès lors, pour la différence 2,8 — 2,75 ou 0,05,

il y aura une différence d'extrait de : $\dfrac{0,60 \times 0,05}{0,2}$, soit 0,15, poids qu'il

faut ajouter à 21,08 pour avoir le poids d'extrait par litre; on trouve ainsi : 21,08 + 0,15 = 21 gr. 23. Un calcul analogue donne la densité (tableau A).

Nota. Cette méthode s'applique surtout aux vins faits; pour les vins très riches en extrait comme les vins de raisins secs, les vins sucrés, il vaut mieux employer la méthode par évaporation après avoir dilué le liquide de manière qu'il ne renferme plus que 15 à 20 grammes d'extrait par litre.

TABLEAU A.

Tableau des densités du vin à la température de 15 degrés centigrades

Indications de l'alcoomètre	Densité	Indications de l'alcoomètre	Densité	Indications de l'alcoomètre	Densité	Indications de l'alcoomètre	Densité
0	1.00000	3.2	0.99524	6.4	0.99093	9.6	0.98699
0.2	0.99968	3.4	0.99496	6.6	0.99067	9.8	0.98675
0.4	0.99937	3.6	0.99468	6.8	0.99041	10	0.98652
0.6	0.99905	3.8	0.99440	7	0.99016	10.2	0.98628
0.8	0.99874	4	0.99413	7.2	0.98990	10.4	0.98605
1	0.99844	4.2	0.99385	7.4	0.98965	10.6	0.98582
1.2	0.99814	4.4	0.99358	7.6	0.98940	10.8	0 98559
1.4	0.99784	4.6	0.99330	7.8	0.98915	11	0.98537
1.6	0.99754	4.8	0.99303	8	0.98891	11.2	0.98514
1.8	0.99724	5	0.99277	8.2	0.98867	11.4	0.98491
2	0.99695	5.2	0.99250	8.4	0.98842	11.6	0.98469
2.2	0.99665	5.4	0.99224	8.6	0.98818	11.8	0.98446
2.4	0.99636	5.6	0.99197	8.8	0.98794	12	0.98424
2.6	0.99608	5.8	0.99171	9	0.98770	12.2	0 98402
2.8	0.99580	6	0.99145	9.2	0.98746	12.4	0.98380
3	0.99552	6.2	0.99119	9.4	0.98722	12.6	0.98358

Tableau B.

Cas des températures inférieures à 15 degrés

Nota. — Les nombres donnés par ce tableau doivent être ajoutés aux nombres donnés par l'alcoomètre plongé dans le vin.

						DEGRÉS ALCOOLIQUES DU VIN									
TEMPÉRATURES	3	4	5	6	7	8	9	10	11	12	13	14	15	16	17
5	0.4	0.5	0.5	0.6	0.6	0.7	0.7	0.75	0.85	1	1.15	1.3	1.4	1.5	1.7
6	0.4	0.5	0.5	0.6	0 6	0.7	0.7	0.75	0.8	0.9	1.05	1.2	1.3	1.35	1.5
7	0.4	0.5	0.5	0.6	0.6	0.7	0.7	0.75	0.8	0.9	1	1.05	1.2	1.3	1.35
8	0.4	0.5	0.5	0.6	0.6	0 7	0.7	0.75	0.8	0.9	0.9	1	1.05	1.1	1.1
9	0.4	0.5	0.5	0.6	0 6	0.7	0.7	0.75	0.75	0.8	0.8	0.85	0.9	0.95	1.05
10	0.4	0.4	0.5	0.5	0.5	0.5	0.5	0 6	0.6	0.65	0.65	0.7	0.75	0.75	0.8
11	0.3	0.35	0.35	0.35	0.35	0 4	0.4	0.5	0.5	0.55	0.55	0.55	0.6	0.6	0.7
12	0.2	0.2	0.25	0.3	0.3	0.3	0.3	0.35	0 4	0.45	0 45	0.45	0.45	0.45	0.45
13	0.2	0.2	0.2	0.2	0.2	0.2	0.2	0.2	0.3	0.3	0.3	0.3	0.3	0.3	0.3
14	0.1	0.1	0.1	0.1	0.1	0.1	0.1	0.1	0.1	0.1	0.1	0.1	0.1	0.1	0.1

Tableau C.

Cas des températures supérieures à 15 degrés

Nota. — Les nombres donnés par ce tableau doivent être retranchés des nombres donnés par l'alcoomètre plongé dans le vin.

						DEGRÉS ALCOOLIQUES DU VIN									
TEMPÉRATURES	3	4	5	6	7	8	9	10	11	12	13	14	15	16	17
16	0.1	0.1	0.1	0.1	0.1	0.1	0.1	0.1	0.1	0.1	0.1	0.1	0.1	0.1	0.1
17	0.15	0.15	0.15	0.15	0.15	0.15	0.15	0.15	0.15	0.2	0.2	0.2	0.2	0.3	0.3
18	0.3	0.3	0.3	0.3	0.3	0.3	0.3	0.3	0.3	0.3	0.35	0.35	0.35	0.45	0.5
19	0.4	0.45	0.45	0.45	0.45	0.45	0.45	0.45	0.45	0.45	0.5	0.5	0.5	0.6	0.7
20	0.5	0.55	0.55	0.6	0.6	0.65	0.65	0.65	0.65	0.65	0.7	0.7	0.75	0.8	0.9
21	0.6	0.7	0.7	0.75	0.75	0.8	0.8	0.8	0.8	0.8	0.85	0.85	0.95	1	1.1
22	0.8	0.85	0.85	0.9	0.9	0.9	0.95	0.95	0.95	0.95	1	1	1.05	1.15	1.25
23	0.9	0.9	0.9	1	1	1.1	1.1	1.15	1.15	1.15	1.15	1.15	1.2	1.35	1.4
24	1	1	1.05	1.1	1.1	1.15	1.25	1.3	1.3	1.3	1.35	1.4	1.45	1.5	1.55
25	1.2	1.25	1.3	1.3	1.35	1.35	1.35	1.4	1.4	1.4	1.4	1.45	1.5	1.65	1.75

TABLEAU D.

Dosage de l'extrait sec des vins (poids en grammes par litre)

Divisions de l'alcoomètre à 15 degrés centigrades	DEGRÉS ALCOOLIQUES A LA TEMPÉRATURE 15 DEGRÉS CENTIGRADES														
	3	4	5	6	7	8	9	10	11	12	13	14	15	16	17
0	10.8	13 6	16.4	19.1	21.8	24.4	27	29 4	31.7	34	36.3	38.5	40.6	42.6	44.6
0.2	10.2	13	15.8	16.5	21.2	23.8	26.4	28.8	31.1	33.4	35.7	37.9	40	42	44
0.4	9.5	12.4	15.1	17.8	20.5	23.1	25.7	28.1	30.4	32.7	35	37.2	39.3	41.3	43.3
0.6	8.9	11.7	14.5	17.2	19.9	22.5	25.1	27.5	29.8	32.1	34.4	36.6	38.7	40.7	42.7
0.8	8.2	11.1	13.8	16.5	19.2	21.8	24.4	26.8	29.1	31.4	33.7	35.9	38	40	42
1	7.6	10.5	13.2	15.9	18.6	21.2	23.8	26.2	28.5	30.8	33 1	35.3	37.4	39.4	41.4
1.2	7	9.9	12.6	15.3	18	20.6	23.2	25.6	27.9	30.2	32.5	34.7	36.8	38.8	40.8
1.4	6.4	9.3	12	14.7	17.4	19.9	22.5	24.9	27.2	29.5	31.8	34.1	36.2	38.2	40.2
1 6	5.8	8.6	11.4	14	16.7	19.3	21.9	23.3	26.6	28.9	31 2	33.4	35.5	37.5	39.5
1.8	5 2	8	10.8	13.4	16.1	18.6	21.2	23.6	26	28 2	30.5	32.8	34.9	36.9	38.9
2	4 6	7.4	10.2	12.8	15.5	18	20.6	23	25.4	27.6	29.9	32.2	34.3	36.3	38.3
2.2		6.8	9.6	12.2	14.9	17.4	20	22.4	24.8	27	29.3	31.6	33.7	35.7	37.7
2.4		6 2	9	11.6	14.3	16.8	19.4	21.8	24.2	26.4	28.7	31	33.1	35.1	37.1
2.6		5 6	8.4	11	13.7	16.2	18.8	21.2	23.6	25.8	28.1	30.4	32.5	34.5	36.5
2.8		5	7.8	10.4	13.1	15.6	18 2	20.6	23	25.2	27.5	29.8	31.9	33.9	35.9
3		4 5	7.2	9.8	12.5	15	17.6	20	22.4	24.6	26.9	29.2	31.3	33.3	35.4
3.2			6.6	9.2	11.9	14.4	17	19.4	21.8	24	26.3	28.6	30.7	32.7	34.8
3.4			6	8.6	11.3	13.8	16 4	18.8	21.2	23 5	25.7	28	30.1	32.1	34.2
3.6			5.4	8	10.7	13.3	15.9	18.2	20.7	22.9	25.2	27.5	29.6	31.6	33.7
3.8			4.9	7.5	10.2	12.7	15.3	17.7	20.1	22.4	24.6	26.9	29	31	33.2
4			4.4	6.9	9.6	12.1	14.7	17.1	19.6	21.9	24.1	26.5	28.4	30.4	32.6
4.2				6.4	9.1	11.6	14.1	16.5	19	21.3	23.5	25.7	27.8	29.8	32
4.4				5.8	8.5	11	13.6	16	18.4	20.7	22.9	25.2	27.3	29.3	31.4
4.6				5.3	7.9	10 5	13.1	15.4	17.8	20.1	22.3	24.6	26.7	28 7	30.8
4.8				4.7	7.4	9 9	12.6	14.8	17.3	19.6	21.8	24.1	26.2	28.2	30.2
5				4.2	6.9	9.4	12	14.3	16.8	19.1	21.3	23.6	25.6	27.6	29.7
5.2					6.3	8.8	11.5	13.7	16.2	18.5	20.7	23	25.1	27.1	29.2
5.4					5.8	8.2	10.9	13.1	15.6	17.9	20.1	22.4	24.5	26.5	28.6
5.6					5.2	7.7	10.4	12.6	15.1	17 4	19.6	21.9	24	26	28.1
5 8					4 6	7.1	9.9	12.1	14 5	16.9	19.1	21.3	23.4	25.4	27.5
6					4.1	6.6	9.3	11.5	14	16.3	18 5	20.8	22.9	24.9	27
6.2						6.1	8.8	11	13.5	15.8	18	20.3	22.4	24.4	26.5
6.4						5.6	8.2	10.5	12.9	15.2	17.5	19.8	21.8	23.8	25.9
6.6						5	7.7	9.9	12.4	14.7	16.9	19.2	21.3	23.3	25.3
6.8						4.5	7.1	9.4	11.8	14.1	16.4	18.7	20.7	22.7	24.8
7						4	6.6	8.9	11.3	13.6	15.9	18 2	20.2	22.2	24.3
7.2							6.1	8 4	10.8	13.1	15.4	17.7	19.7	21.7	23.8
7 4							5.6	7.9	10.3	12.6	14.9	17.2	19.3	21.2	23.3
7.6							5	7.3	9.7	12	14.3	16.6	18.7	20.7	22.8
7.8							4.5	6.8	9.2	11.5	13.8	16.1	18.2	20.2	22.3
8							3.05	6.3	8.7	11	13.3	15.6	17.7	19.7	21.8
8.2								5.8	8.2	10.5	12.8	15.1	17.2	19.2	21 3
8.4								5.3	7.7	10	12 3	14.6	16.7	18.7	20.8
8.6								4.8	7.2	9.5	11.8	14.1	16.2	18.2	20.3
8.8								4.3	6.8	9.1	11.4	13.6	15.7	17.7	19.8
9								3.9	6.3	8.6	10.9	13.1	15.2	17.2	19.3

Comparaison de la méthode par évaporation et de la méthode aréométrique. — En comparant les résultats donnés par cette méthode à ceux qui sont donnés par l'évaporation à 100 degrés dans les conditions indiquées par l'instruction officielle, nous avons remarqué que les écarts sont assez faibles pour qu'on puisse considérer les résultats comme comparables dans le cas de vins faits; pour avoir le poids d'extrait dans le vide, il suffira de multiplier l'extrait aréométrique par le nombre 1,26 (de nombreuses expériences faites dans les mêmes conditions nous ont donné des nombres variant entre 1,15 et 1,36).

Résultats. — Les vins rouges ordinaires entièrement faits renferment 18 à 23 grammes d'extrait par litre (extrait à 100 degrés); les vins blancs en renferment 12 à 20 grammes, les vins sucrés peuvent en donner jusqu'à 150 grammes et même plus.

Extrait réduit [1]. — « Dans le cas des vins plâtrés ou contenant du sucre, le poids de l'extrait trouvé directement sera diminué du nombre de grammes moins 1, donné par les dosages de sucre et de sulfate de potasse.

Si, par exemple, on avait trouvé :

Extrait sec...................... 29 gr. 7
Sulfate de potasse.............. 3 gr. 1
Sucre réducteur................. 4 gr. 5

L'extrait deviendrait : 29 gr. 7 — (2,1 + 3,5) = 24 gr. 1
Le nouvel extrait s'appellera : *extrait réduit.* »

Densité des vins

La densité des vins peut être déterminée :

1° *Par la méthode aréométrique :* l'alcoomètre est plongé dans le vin; on corrige, s'il y a lieu, l'indication de cet instrument comme il est dit plus haut; le tableau A donne les densités; ces densités sont rapportées à l'eau à 15 degrés centigrades et ramenées au vide.

2° *Par la pesée* d'un certain volume de vin : On opère comme il est indiqué plus loin (voir densité du moût ou jus de pomme).

Résultats généraux. — La densité des vins varie avec le poids des substances dissoutes qui tendent à l'augmenter; mais l'augmentation de la quantité d'alcool la diminue. Les vins rouges de nos pays sont un peu moins denses que l'eau ; la densité de ces vins varie entre 0.987 et 0,997. Les vins blancs sont un peu plus légers que les vins rouges. Enfin les vins doux (vins liquoreux, muscats) sont un peu plus denses que l'eau.

Application. — *Détermination de la contenance d'un fût.* — On pèse le fût vide, puis rempli de vin; on fait la différence des deux poids; on détermine la densité du vin à 15 degrés (voir tableau A). Cette densité étant rapportée à l'eau à 15 degrés, on la multiplie par le poids du litre d'eau à 15 degrés, soit 0,99916, pour avoir le poids du litre de vin. Pour déterminer le volume du vin à la température de 15 degrés, il suffit de diviser le poids du vin par celui du litre.

Dosage des cendres

On brûle l'extrait sec obtenu dans l'essai précédent en portant la capsule au rouge sombre, de façon à brûler le charbon sans fondre les cendres ni volatiliser les chlorures (une lampe à alcool suffit). Lorsque les cendres ne

---

(1) Instruction pratique du Comité des Arts et manufactures pour l'analyse des vins blancs et des vins rouges.

sont pas blanches, les vins renferment en général du sel marin. Les cendres légères sont les cendres normales, tandis que les cendres vitrifiées peuvent être l'indice d'une addition de sel marin. Après avoir pesé les cendres, on verse quelques gouttes d'un acide dans la capsule, en observant attentivement s'il y a ou non effervescence (dégagement d'acide carbonique). Dans le cas de vins naturels ou peu plâtrés, il y a un dégagement d'acide carbonique ; si le vin est fortement plâtré, il n'y a pas d'effervescence, attendu que le plâtrage fait passer tous les alcalis à l'état de sulfates.

Dosage rigoureux des cendres. — Souvent la calcination n'est pas complète car le charbon peut être protégé contre la combustion par un enduit de sels minéraux fondus ; de plus, en présence du charbon, il peut y avoir volatilisation partielle des chlorures et réduction des phosphates alcalins ; si l'on veut éviter ces causes d'erreur, on brûle l'extrait avec précaution à l'aide d'une lampe à alcool, en chauffant jusqu'à ce que le tout soit carbonisé et n'émette plus d'odeur. On laisse refroidir la capsule ; on ajoute un peu d'eau, on chauffe jusqu'à l'ébullition, afin de dissoudre les sels solubles (sels alcalins), on décante le liquide en le mettant à part ; le résidu de la capsule est ensuite carbonisé avec précaution au rouge sombre. L'augmentation de poids de la capsule donne le poids des substances insolubles. On évapore ensuite dans la capsule le liquide mis à part ; l'augmentation de poids donne le poids de sels solubles. La somme des poids des corps solubles et insolubles donne le poids total des cendres. (Dans la partie soluble on peut doser le carbonate de potasse comme il est dit en XV).

Résultats. — Le poids des cendres varie de 1 gramme 5 à 4 gr. 5 par litre. Le rapport des poids des cendres et de l'extrait est de 1/8 à 1/10. Les vins qui donnent moins de 5 grammes et plus de 15 grammes d'extrait pour 1 gramme de cendres doivent être considérés comme suspects.

VI. Acidité des vins

Généralités. — Tous les vins sont acides ; ils renferment une certaine quantité d'acides non combinés ou combinés à l'état de sels acides, sels qui remplissent vis-à-vis des alcalis la même action qu'un autre acide libre pris pour terme de comparaison.

Les acides que l'on trouve habituellement dans les vins sont : 1° l'acide tartrique qui est en très petite quantité à l'état libre et qui existe dans le vin, surtout à l'état de tartrate acide de potasse, appelé aussi crème de tartre, bitartrate de potasse ; 2° les acides carbonique, acétique, tannique, gallique, succinique, malique, etc.

Acidité totale ou titre acide des vins. — L'acidité totale est la quantité d'acides libres ou combinés à l'état de sels acides. On a eu l'idée de réunir sous ce nom la somme de tous les acides, parce qu'il est difficile de doser séparément tous les acides libres. La quantité de crème de tartre contenu dans un vin n'a pas de rapport avec l'acidité totale.

Acides fixes et acides volatils. — L'acidité totale comprend l'ensemble des acides fixes et volatils, libres ou à l'état de sels acides.

L'acidité volatile est formée des acides volatils combinés ou non aux bases (acides acétique, propionique, œnantique).

L'acide carbonique n'est pas compris dans le titre acide, car on l'élimine par une ébullition de quelques minutes.

L'acidité fixe est la différence entre l'acidité totale et l'acidité volatile ; elle comprend les acides succinique, malique, tartrique.

Détermination des acidités du vin. — Ne dosant pas séparément chaque acide libre, il est impossible d'établir leur poids total. On a cherché alors des termes de comparaison. En France. on emploie l'*acide sulfurique mono-hydraté ;* en Allemagne, Autriche, Italie et Suisse, on prend l'*acide tartrique ;* d'autres prennent l'acide oxalique. la soude caustique ou le carbonate de soude nécessaires pour saturer l'acidité du vin.

1. *Détermination de l'acidité totale dans les vins blancs ou rouges.* — On emploie un procédé basé sur la décomposition du bicarbonate de soude par le vin ; nous avons rendu ce procédé très rapide et très exact. On prépare d'abord une solution d'acide tartrique au centième ; à cet effet, on pèse 10 grammes d'acide tartrique pur et on les dissout dans une quantité d'eau suffisante pour avoir un litre de solution, 10 centimètres cubes de cette solution renferment donc 0 gr. 1 d'acide tartrique (1). Puis, on élimine l'acide carbonique dissous dans le vin, en chauffant celui-ci à l'ébullition pendant quelques minutes ; on laisse refroidir.

On introduit ensuite 20 centim. cubes de la solution d'acide tartrique au centième, dans le flacon A de l'appareil Trubert (fig. 1, page 6). On remplit la petite jauge J de bicarbonate de soude en poudre ou en fragments non tassés (prendre la plus petite jauge du nécessaire).

On introduit cette petite jauge, ainsi remplie, dans le flacon A, à l'aide de la pince brucelle. On dispose le tube à dégagement, et lorsque l'équilibre est rétabli, on place l'éprouvette graduée remplie d'eau sur l'orifice du tube. On incline ensuite légèrement le flacon A de manière que le liquide acide vienne en contact avec le bicarbonate de soude. Celui-ci est attaqué en partie et l'acide carbonique produit déplace un égal volume d'air qui passe dans l'éprouvette. On agite afin de répandre une partie du bicarbonate dans la masse liquide. Il doit rester du bicarbonate non décomposé, ce que l'on reconnaît au trouble blanchâtre et au dépôt qui se forment. Lorsqu'il ne se produit plus de bulles gazeuses, on lit le volume V du gaz qui s'est dégagé dans l'éprouvette.

On recommence aussitôt la même opération avec 20 centimètres cubes de vin ; on note le volume v de gaz obtenu, et par proportion, on obtient le titre acide du vin évalué en acide tartrique. En effet, 20 cent. cubes de la solution tartrique renferment 0 gr. 2 d'acide tartrique pur produisant un volume gazeux V ; donc on pourra considérer le volume v comme provenant de : $\dfrac{0 \text{ gr. } 2 \times v}{V}$ d'acide tartrique.

Il suffit ensuite de multiplier par 50 le poids obtenu pour avoir l'acidité totale d'un litre de vin.

Cette détermination est rapide et n'exige que peu de vin ; en comparant les résultats de ce procédé à ceux des autres qui sont basés sur l'emploi d'une solution alcaline (soude, eau de chaux, etc.), nous avons obtenu des nombres concordants.

EXEMPLE : 20 cent. cubes de la solution d'acide tartrique au centième ont donné un dégagement gazeux de 52 cent. cubes, et dans les mêmes conditions, 20 cent. cubes de vin ont donné 33 cent. cubes.

L'acidité totale des 20 cent. cubes de vin est donc en acide tartrique :
$$\frac{0 \text{ gr. } 2 \times 33}{52} = 0 \text{ gr. } 127.$$

En passant au litre, on obtient : 0 gr. 127 × 50 = 6 gram. 35.

Pour avoir l'acidité en acide sulfurique monohydraté, il suffit de diviser l'acidité en acide tartrique par le nombre 1,53 ou de la multiplier par 0,653.

_____

(1) La solution d'acide tartrique peut être conservée sans altération lorsqu'on verse quelques gouttes de chloroforme pur, au fond du flacon bouché où on la conserve. Les cristaux d'acide tartrique pur étant inaltérables, il est préférable d'en employer des paquets d'un gramme ; au moment des dosages d'acidité, on dissout un paquet dans 100 cent. cubes d'eau.

On a donc :

$6,35 \times 0,653 = 4$ gr. 146 en acide sulfurique monohydraté.

Enfin, pour avoir l'acidité en acide acétique, il suffit de diviser le nombre représentant l'acidité en acide sulfurique monohydraté par 0,817.

En résumé, on a le tableau suivant :

Acidité sulfurique monohydraté $\times 1,53 =$ acide tartrique,
Acidité tartrique $\times 0,653 =$ acidité sulfurique monohydraté,
Acidité sulfurique anhydre $\times 1,875 =$ acidité tartrique,
Acidité sulfurique monohydraté $\times 1,224 =$ acidité acétique,
Acidité acétique $\times 0,817 =$ acidité sulfurique monohydraté,
Acidité acétique $=$ acidité tartrique $\times 0.799$.

II. *Détermination de l'acidité volatile totale* (acides volatils libres et combinés).

1° On sature 20 à 500 cent. cubes de vin avec un alcali comme la potasse, la soude, la chaux ou la baryte ; on concentre au bain-marie pour chasser complètement l'alcool et on ajoute de l'acide sulfurique en quantité équivalente à la quantité d'alcali ajoutée précédemment, c'est-à-dire que l'on neutralise exactement la liqueur. (Un excès d'acide sulfurique pourrait être entraîné et augmenter l'acidité du liquide distillé). On peut remplacer l'acide sulfurique par de l'acide phosphorique sirupeux en excès ; dans ce cas, on n'est pas limité par la quantité d'acide, attendu que l'acide phosphorique n'est pas entraîné. L'acide acétique est ainsi séparé de l'alcali. On distille à sec en employant l'appareil représenté dans la figure 3. Le produit distillé est recueilli dans le vase P refroidi par de l'eau froide. Dans le produit distillé on dose l'acidité comme l'acidité totale. On exprime ordinairement l'acidité volatile en acide acétique. Le dosage des acides volatils n'est utile aux commerçants que pour reconnaître si un vin a subi un commencement d'altération et la nature de l'altération.

2° On peut également évaporer le vin à siccité à 120 degrés ; on dose l'acidité du résidu qui reste dans le ballon en opérant comme pour l'acidité totale. (Dissoudre dans 20 cent. cubes d'eau et titrer au bicarbonate). La différence entre l'acidité totale et l'acidité du résidu donne l'acidité due aux acides volatils.

III. *Détermination de l'acidité due à la crème de tartre et aux acides libres.* — On fait d'abord un mélange d'alcool à 95 degrés et d'éther ordinaire en quantités égales et on verse ce mélange dans le vin (ou le moût), dans la proportion de 20 cent. cubes de vin pour 50 cent. cubes du mélange alcool-éther. On ferme soigneusement, on agite et on laisse reposer pendant un jour dans un lieu frais ; la crème de tartre est entièrement précipitée, tous les acides surnagent. On filtre la partie liquide ; on lave le flacon et le filtre avec 50 cent. cubes du mélange alcool éther ; la liqueur qui passe sous le filtre est réunie à la précédente ; la liqueur totale est évaporée presque entiè- à une douce chaleur. (Faire cette évaporation au bain-marie dans le flacon A du nécessaire ; on peut recueillir le mélange alcool-éther dans le flacon P fig. 3).

On ajoute 10 cent. cubes d'eau au résidu de l'évaporation et on opère le dosage de l'acidité de ce liquide comme celui de l'acidité totale. On obtient ainsi l'*acidité due aux acides libres* [1].

On peut également doser l'acidité due à la crème de tartre en déposant le

---

(1) Si l'on veut la quantité d'acide tartrique libre, on ajoute au résidu de l'évaporation une dissolution d'acétate de potasse rendue légèrement acide à l'aide d'un peu d'acide acétique ; il se forme du bitartrate de potasse que l'on précipite par le mélange éthéro-alcoolique et que l'on dose comme la crème de tartre qui existe dans le vin.

filtre sur le dépôt de crème de tartre qui se trouve dans le flacon A ; on dissout la crème de tartre par 20 cent. cubes d'eau chaude. Après refroidissement, on dose l'acidité de ce bitartrate comme l'acidité totale. Connaissant l'acidité totale, on obtient par différence l'acidité due aux acides libres. C'est une vérification. On peut également le transformer en carbonate de potasse par calcination. On dose le carbonate de potasse comme il est dit page 50. Sachant que 22 grammes d'acide carbonique sont produits par 188 gr. 1 de crème de tartre, il est facile de calculer le poids de celle-ci.

Enfin, on peut calculer le poids de crème de tartre, sachant que 75 grammes d'acide tartrique correspondent à 188 gr. 1 de crème de tartre. Il suffit de connaitre l'acidité due à la crème de tartre, acidité évaluée en acide tartrique.

Résultats. — Le poids moyen de la crème de tartre est de 3 à 5 grammes par litre ; il est en général 2 fois à 2 fois et demie plus fort que celui des cendres, dans un vin normal ; la crème de tartre représente le quart de son poids de potasse ; son poids ne peut pas être plus de 4 fois plus grand que celui de la potasse contenue dans le vin ; il ne peut pas non plus être plus de 8 fois 5 plus fort que l'acide carbonique total des cendres, attendu que 188 gr. 1 de crème de tartre donne par calcination 69 gr. 1 de carbonate de potasse renfermant 22 grammes d'acide carbonique. Les raisins verts contiennent beaucoup plus de tartre que les raisins mûrs ; le moût en contient beaucoup plus que le vin fait et les bons vins en renferment moins que les vins ordinaires. Enfin la proportion de crème de tartre est d'autant plus grande que les vins sont moins riches en alcool.

IV. *Acidité due aux acides fixes (acidité fixe).* — Connaissant l'acidité totale et l'acidité due à la crème de tartre et aux acides volatils, on peut en déduire par différence l'acidité due aux acides fixes. On a :

Acidité fixe égale acidité totale, moins acidité due à la crème de tartre et aux acides volatils.

Résultats généraux obtenus par l'étude de l'acidité. — 1° *L'acidité totale* varie pour les vins français de 1 à 6 grammes par litre (en acide sulfurique monohydraté). En dosant l'acide carbonique comme il est indiqué page 19 et en ajoutant le poids de cet acide à l'acidité totale, on a l'*acidité totale, augmentée de l'acidité carbonique.*

2° *L'acidité volatile* varie de 0 gr. 2 à 0 gr. 7 par litre (en acide sulfurique monohydraté). Elle varie du quart au vingtième de l'acidité totale ; généralement on trouve 0 gr. 4 à 0 gr. 5 d'acide acétique par litre de vin. Dans beaucoup de vins, comme ceux du midi, l'acidité volatile est assez considérable, tandis qu'elle est presque nulle dans les vins de Bourgogne (1). Les vins piqués contiennent de l'acide acétique en quantité considérable. On le trouve aussi en assez forte proportion dans les vins à fermentation prolongée. On ajoute quelquefois de l'acide acétique au vin quand celui ci est trop plat et pour obtenir un goût acide. On l'emploie aussi pour masquer le mouillage.

3° Les vins naturels contiennent quelquefois de l'acide tartrique libre ; on en rencontre surtout dans les vins qui ont une assez forte acidité et qui proviennent de raisins incomplètement mûrs ; il existe souvent dans les vins falsifiés ; sa présence indique presque toujours une fraude.

4° On a remarqué que si l'on convertit en vins blancs les moûts des raisins noirs, le degré d'acidité du vin blanc obtenu est plus élevé que celui du vin

(1) D'après les recherches de M. Burker (communication à l'académie des sciences, juin 1895), la limite maxima d'acidité volatile, pour les vins de France sains, ne dépasse pas 0 gr. 70 par litre, exprimée en acide sulfurique monohydraté ; cette limite, pour les vins d'Algérie et de Tunisie, doit être portée à 1 gr. 60.

rouge correspondant (le vin blanc obtenu avec des raisins rouges est aussi plus alcoolique que le vin rouge provenant des mêmes raisins).

5° Lorsque le vin vieillit, l'acidité diminue, grâce à l'éthérification des acides. Cette éthérification dépend des proportions relatives des alcools et des acides du vin. En même temps, le bouquet augmente. Pour une quantité déterminée d'alcool, l'éthérification augmente avec l'acidité. Les vins de conservation doivent donc être plus acides que les vins consommés immédiatement.

6° *Acidité des vins plâtrés.* — Le plâtrage augmente l'acidité du vin de 0 gramme 2 par litre, par chaque gramme de sulfate de potasse dosé par litre de vin.

7° *Vins mannités.* — Les vins mannités renferment un excès d'acidité totale et de sucre de raisin ; l'acidité totale est due surtout aux acides volatils. (Études de MM. Gayon et Dubourg, Carles, Blarez) ; aussi ont-ils une saveur aigre-douce qui est souvent caractéristique de la mannite.

Applications : 1° Guérison des vins trop acides et des vins piqués. — Lorsque les raisins ne sont pas entièrement mûrs, ils produisent un vin très acide, renfermant un excès d'acide tartrique. L'excès d'acidité peut également provenir de la piqûre des vins : *la piqûre ou acescence* est due alors à la transformation d'une partie de l'alcool en acide acétique, par suite de l'influence de l'oxygène de l'air et du développement du *mycoderma aceti*.

Plusieurs moyens chimiques ont été proposés pour enlever l'excès d'acidité. Ainsi, on a employé le carbonate de chaux (poussière de marbre), le carbonate de magnésie, les carbonates de soude et de potasse, l'eau de chaux, la potasse ou la soude caustiques (1). Ces moyens présentent des inconvénients surtout dans le traitement des vins fins.

Le moyen le plus pratique a été indiqué par Jullien en 1826 ; il est basé sur l'emploi du *tartrate neutre de potasse* qui neutralise l'excès d'acidité en transformant l'acide tartrique libre en tartrate acide de potasse ou crème de tartre qui se précipite dans les lies et sur les parois des tonneaux : 226 gr. 2 de tartrate neutre transforment ainsi 150 grammes d'acide tartrique. L'acide acétique donne de l'acétate neutre de potasse et du tartrate acide de potasse ; 226 gram. 2 de tartrate neutre transforment également 60 grammes d'acide acétique ; l'acétate de potasse formé reste dissous dans le vin. La valeur de la crème de tartre recueillie dans les lies diminue le prix de revient de l'opération.

Remarquons que l'introduction du tartrate neutre de potasse dans le vin a l'avantage de ne pas en changer la nature, car le vin renferme déjà du tartrate acide de potasse.

Manière d'opérer pour enlever l'excès d'acidité. — On détermine d'abord l'acidité totale du vin, c'est-à-dire le titre acide en acide tartrique. Sachant que 47 gram. 1 de potasse anhydre ou 56 gr. 1 de potasse hydratée sont disponibles dans 226 gr. 2 de tartrate neutre de potasse pour transformer 150 grammes d'acide tartrique en tartrate acide et que 60 grammes d'acide acétique exigent 226 gram. 2 de tartrate neutre pour être saturés, on peut calculer la quantité nécessaire de tartrate neutre qu'il faut ajouter à 1 litre de vin pour diminuer de 1 à 2 degrés, c'est-à-dire de 1 à 2 grammes, le titre acide du vin.

Par exemple, on trouve un titre acide de 7 grammes par litre de vin (titre

---

(1) On ajoute quelquefois de la litharge pour combattre l'acescence ; il se forme de l'acétate de plomb qui masque l'acidité. Pour rechercher la litharge, on décolore le vin au noir animal ; on ajoute de l'acide tartrique et on fait passer un courant d'hydrogène sulfuré. S'il y a un sel de plomb, il se forme un précipité noir de sulfure de plomb.

évalué en acide tartrique) et on veut le ramener à 5 grammes, c'est-à-dire enlever 2 grammes d'acidité tartrique (vins verts provenant de raisins peu mûrs). Il faudra alors ajouter par litre de vin les poids suivants :

$$\frac{56 \text{ gr. } 1 \times 2}{150} = 0 \text{ gr. } 748 \text{ de potasse hydratée pure, soit 74 gr. 8 par hecto.,}$$

ou bien :$\dfrac{226 \text{ gr. } 2 \times 2}{150} = 3 \text{ gr. } 01$ de tartrate neutre de potasse, soit 301 gr. par hecto.

Il ne faut employer que le tartrate qui se trouve en beaux cristaux bien blancs et ne pas le projeter à l'état solide dans le vin, car une partie n'agirait pas ; on le fait fondre dans du vin à raison de 1 kilo de tartrate pour 2 kilos de vin.

Lorsque la dissolution est faite, on la verse dans le vin dont on veut enlever l'excès d'acide.

On peut d'ailleurs vérifier la pureté du tartrate neutre comme il est indiqué en XIX.

Dès que le vin a perdu le goût de piqué, on le colle, on le soutire dans un fût méché et on ajoute 1 à 2 % d'alcool; on coupe avec un vin très alcoolique, si la guérison paraît suffisante et si le vin doit être consommé rapidement ; on peut également le chauffer à 65 degrés avant de le couper avec un autre vin.

Nota. — D'une manière générale, il est difficile de guérir un vin renfermant plus d'un gramme d'acide acétique par litre. S'il y a plus d'un gramme d'acide acétique, il vaut mieux le convertir en vinaigre.

On peut reconnaître rapidement, d'une façon approchée, si le vin renferme plus d'un gramme d'acide acétique par litre. A cet effet, on dissout 9 décigrammes de potasse caustique pure (exactement 0 gram. 93), ou 1 gramme de carbonate de potasse pur et sec (exactement 1 gr. 07), dans un peu d'eau. On verse l'une ou l'autre solution dans un litre de vin. Si le goût d'aigre persiste, c'est que le vin renferme plus d'un gramme d'acide acétique par litre.

Moyens préventifs qu'on peut utiliser pour la conservation des vins sujets à l'acescence (vins des années chaudes et vins de raisins trop mûrs). On peut employer les moyens préventifs suivants :

1° Chauffage des vins ;

2° Refroidissement et congélation (ajouter 1 kilo de glace pour 250 litres de vin ou arroser le tonneau avec de l'eau glacée) ;

3° Addition d'huile à la surface (l'huile empêche l'action de l'oxygène de l'air qui transforme l'alcool en acide acétique sous l'influence du mycoderme acétique) ; l'huile donne quelquefois un goût de rance ;

4° Soufrage des tonneaux (méchage très fort) ;

5° Aération au début de la maladie (faire passer un courant d'air au fond du tonneau avec un fort soufflet); l'acide acétique est chassé ainsi qu'un peu d'alcool ;

6° Soutirer le vin dans un fût méché et le jeter sur de bonnes lies ; coller et couper avec un vin jeune ;

7° Addition de lait au commencement de la maladie; on verse un demi litre de lait par hecto et on agite vigoureusement. On laisse reposer et l'on soutire ; l'acide acétique s'est combiné avec la caséine du lait. On vine ensuite fortement ;

8° Addition de cendres de bois ; on jette les cendres dans le vin ; la potasse sature l'acide acétique. On laisse reposer et on transvase dans des tonneaux fortement méchés.

2° *Augmentation de l'acidité pour remédier à la platitude des vins et à l'instabilité de la couleur.* — *Addition d'acide tartrique.* — Lorsqu'on veut augmenter l'acidité d'un vin ou d'un moût, on ajoute de l'acide tartrique.

Par exemple, pour augmenter de degré d'acidité tartrique, on ajoute 1 gr. d'acide tartrique pur par litre, soit 100 grammes par hecto   C'est ainsi que l'on peut guérir la *platitude* d'un vin lorsqu'elle n'a pas été corrigée par le coupage avec un vin vert. Il faut évidemment déterminer l'acidité totale.

L'addition d'acide tartrique est nécessaire lorsqu'au goût plat s'ajoute l'*instabilité de la matière colorante.* Cette instabilité n'est, en effet, que la conséquence d'un manque d'acidité ; la couleur d'un vin présentant une acidité insuffisante et exposé à l'air, passe du grenat au bleu violacé.

Pour assurer la *stabilité* de la matière colorante, il faut ajouter de l'acide tartrique en quantité suffisante ; on peut déterminer la quantité à ajouter en suivant le procédé indiqué par M. Rougier. M. Rougier conseille de prendre 6 échantillons d'un litre de vin à essayer ; dans le 1er, on ajoute 0 gr. 5 d'acide tartrique ; dans le 2e, 1 gramme ; dans le 3e, 1 gr. 5 ; dans le 4e, 2 gr. ; dans le 5e, 2 gr. 5 ; et dans le 6e, 3 grammes. Les bouteilles étant bouchées, on les agite légèrement et on les descend à la cave ; au bout de 8 jours, on verse une petite quantité de vin de chacun des échantillons sur des soucoupes ou assiettes blanches et on l'abandonne à l'air pendant plusieurs heures auprès d'un échantillon de vin non additionné d'acide tartrique.

Trois cas peuvent se présenter : 1° La couleur rouge et la limpidité se maintiennent dans tous les échantillons ; par conséquent, la dose de 0 gr. 5 a été suffisante ; 2° La couleur et la limpidité se maintiennent dans quelques échantillons, tandis que les autres se troublent et passent au bleu violacé. On note alors l'échantillon dans lequel le trouble a cessé de se former ; il indique la dose d'acide tartrique à ajouter par litre ; par exemple, si c'est le 3e, il faudra ajouter 1 gr. 5 d'acide tartrique par litre de vin, soit 150 grammes par hecto ; 3° Tous les échantillons se troublent et passent au bleu violacé ; la dose de 3 grammes d'acide tartrique par litre est alors insuffisante, ce qui est rare ; il faut alors faire d'autres essais avec 3 gr. 5, 4 grammes, 4 gr. 5 et 5 grammes par litre.

Acidifications frauduleuses : 1° *Par l'acide sulfurique* (voir plâtrage page 73).

2° *Par l'acide azotique.* — On concentre le vin après l'avoir alcalinisé par une base pure, et on dose le nitrate comme il est dit page 24.

3° *Par l'acide chlorhydrique* (voir salage des vins).

Dosage de l'acide carbonique dissous dans les vins. -- Ce dosage se fait comme dans les eaux (voir page 19 : dosage de l'acide carbonique total).

Résultats généraux. — Le vin nouveau est saturé d'acide carbonique ; il en renferme environ 2 grammes par litre. Il ne renferme ni oxygène, ni azote. L'acide carbonique disparaît peu à peu ; jusqu'à ce qu'il n'y ait plus que 1 à 2 décigrammes d'acide carbonique par litre.

Applications : 1° *Détermination du pouvoir absorbant du vin.* On appelle pouvoir absorbant du vin ou coefficient d'absorption la quantité de gaz carbonique qu'un vin peut absorber sous la pression ordinaire, sans que la pression augmente dans le vin.

Pour déterminer le pouvoir absorbant du vin, on fait barboter un courant d'acide carbonique dans le vin en notant la température et la pression. On dose ensuite l'acide carbonique qui reste dissous en opérant comme plus haut.

On peut observer que le pouvoir absorbant diminue lorsque la température augmente et que la pression diminue.

2° *Carbonication du vin.* — La présence d'une certaine quantité d'acide carbonique maintient au vin une belle couleur brillante et paraît paralyser l'évolution des germes des maladies ; l'acide carbonique contribue également à la conservation du vin, en s'opposant à l'oxydation de l'alcool. En outre, il est démontré qu'un vin carboniqué (chargé d'acide carbonique) est plus hygiénique, plus facile à digérer qu'un vin renfermant une faible quantité d'acide carbonique.

Dosage du sucre fermentescible dans les vins

Les dosages du sucre (glucose) par la liqueur cupropotassique sont beaucoup trop élevés à cause de la réduction exercée par d'autres substances telles que les tannins, les gommes, les dextrines, etc.

On peut doser le sucre de raisin par fermentation, en suivant les précautions indiquées en XXVII. On ajoute à 25 ou 30 cent. cubes de vin bouilli 0 gr. 40 de glucose pur (ayant une molécule d'eau) ; on fait fermenter en présence d'un peu de levûre de bière ; on agite de temps en temps et on recueille les gaz dans l'éprouvette graduée ; on fait la somme des volumes du liquide fermenté et du gaz dégagé, et on transforme le volume total en acide carbonique sec à zéro degré et sous la pression 760 (voir table). On divise ce volume d'acide carbonique sec par 2,3 et l'on obtient, en retranchant 36,363 du quotient obtenu, le poids du glucose, en centigrammes, renfermé dans la prise d'essai. De nombreuses expériences concluantes nous ont montré l'exactitude de ce procédé qui a l'avantage de permettre le dosage de faibles quantités de glucose. La fermentation peut être produite en présence de levures sélectionnées et renseigner sur la conservation du vin.

Lorsque l'on n'a pas de glucose pur, on évapore 100 cent. cubes de vin au quart environ, dans un ballon ; on ajoute 5 à 10 cent. cubes d'acétate neutre de plomb ; on agite, on filtre et on précipite, dans la liqueur, l'excès d'acétate de plomb, en ajoutant de l'acide sulfurique goutte à goutte jusqu'à ce qu'il y ait un léger excès d'acide. On agite, on filtre de nouveau ; la liqueur filtrée est soumise à la fermentation comme plus haut.

La dose du sucre est de 2 à 3 grammes par litre pour un vin fait.

Vins doux ou vins liquoreux (muscats, alicante, malaga, samos, etc.).

Détermination de la proportion de sucre. — Indépendamment du procédé de dosage par fermentation, on peut employer un procédé rapide basé sur la recherche de la densité du vin privé d'alcool ; ce procédé s'applique également au dosage du sucre dans les moûts. Voici comment il convient d'opérer avec des vins doux ou liquoreux renfermant une certaine quantité d'alcool. A l'aide de l'éprouvette graduée, on mesure un volume déterminé de vin maintenu dans un bain d'eau à la température de 15 degrés (opérer sur un volume variant entre 200 et 500 centimètres cubes). On le verse dans le flacon A (fig. 1) ou dans le ballon plongeant dans le même bain. On s'arrange de manière que le point d'affleurement soit dans le goulot. Lorsque le niveau est invariable, on le note exactement ; puis on fait bouillir lentement le vin dans une casserole ou dans le ballon, jusqu'à ce que le liquide soit réduit aux trois-quarts environ (opérer d'abord sur une partie du vin dans le ballon, puis ajouter le reste du vin et faire bouillir jusqu'à réduction convenable). On laisse refroidir ; le liquide sirupeux de la casserole est agité avec un peu d'eau distillée et versé dans le flacon plongé dans le bain à 15 degrés ; on rince plusieurs fois la casserole avec un peu d'eau distillée et on verse chaque fois le liquide dans le flacon jusqu'à ce qu'on ait rétabli le volume primitif (compléter, s'il y a lieu, en ajoutant de l'eau distillée goutte à goutte à l'aide du tube effilé). Si l'ébullition a été faite dans le ballon, il n'y a qu'à laisser refroidir celui-ci, le plonger dans le bain d'eau à 15 degrés et rétablir le volume primitif, en ajoutant de l'eau distillée. Le flacon ou le ballon, ayant été tarés d'avance, l'augmentation de poids donne le poids du vin débarrassé d'alcool. Ayant noté le volume du vin, on calcule facilement le poids du litre ; supposons que ce poids soit évalué en grammes ; on tient compte de la poussée de l'air en ajoutant 1 gram. 3 et on divise par 1000 ; on a ainsi la densité du vin doux débarrassé d'alcool. Pour obtenir le poids du sucre en grammes, par litre, on multiplie le nombre formé par le chiffre des centièmes et des millièmes de la densité par 2,46.

Exemple. — 250 cent. cubes de vin de Samos, débarrassé d'alcool, pèsent 271 grammes , un litre pèse : 271 × 4 = 1084 gr.; en ajoutant 1,3 et divisant par 1000 on a la densité soit 1,0853.

Le nombre formé par les centièmes et millièmes est de 85,3 ; en multipliant par 2,46, on obtient 209 gr. 84 ; c'est le poids du sucre de raisin renfermé dans 1 litre du vin considéré.

Nota. — On peut doser l'alcool dans un vin liquoreux, en suivant la méthode employée pour le dosage de l'alcool dans les vins faits.

Dosage de la glycérine

Indépendamment des procédés de dosage basés sur l'emploi du vide sec, procédés qui exigent un outillage assez compliqué, on peut citer le procédé Lecco. Voici comment il convient d'opérer : 10 cent. cubes de vin sont additionnés d'abord de 1 décigramme de chaux vive en poudre, puis de 10 grammes de sable quartzeux ; le liquide est évaporé jusqu'à sec, au bain-marie, dans la capsule de porcelaine. Le produit de l'évaporation est traité 4 ou 5 fois par l'alcool absolu chaud (ajouter chaque fois 5 à 10 cent. cubes d'alcool). La liqueur est filtrée dans un petit ballon, puis évaporée dans le même ballon au bain-marie jusqu'à consistance de sirop. Ce sirop est additionné de 5 centim. cubes d'alcool, puis de 7 cent. cubes 5 d'éther. Le ballon est bien bouché, puis abandonné au repos pendant quelques heures. La solution claire obtenue (filtrée s'il est nécessaire) est versée dans la petite capsule tarée, puis évaporée à sec ; après un séjour d'une heure dans un dessicateur, la capsule est pesée de nouveau, l'augmentation de poids donne le poids de glycérine ; on passe au litre. (Voir falsifications : glycérinage.)

Dosage du tannin

Le tannin existe en petite quantité dans tous les vins rouges qui en renferment au minimum 0 gr. 5 à 0 gr. 6 par litre ; ils peuvent en contenir jusqu'à 1 gr. 5 à 2 grammes. Les vins blancs n'en renferment que des traces ou 0 gr. 2 à 0 gr. 5 au maximum par litre. L'âpreté de certains vins est due à une dose assez forte de tannin ; par des collages et soutirages, on arrive à enlever l'excès de tannin (vins nouveaux) et l'excès facilite ces opérations. Enfin, les vins se clarifient d'autant plus facilement qu'ils renferment davantage de tannin.

Moyen pratique pouvant être employé pour reconnaître si un vin renferme une quantité suffisante de tannin. — On réduit de moitié environ une petite quantité de vin (dans une capsule ou dans un petit ballon), de manière à chasser tout l'alcool, car l'alcool coagule aussi l'albumine ; puis, après refroidissement, on décante et on filtre. On ajoute à la liqueur filtrée une quantité égale d'eau albumineuse préparée en délayant un blanc d'œuf dans deux cuillerées d'eau. Si le vin renferme du tannin en suffisante quantité, il se forme un coagulum très abondant qui ne se sépare pas après une heure de repos ; si le tannin est en faible proportion, le coagulum est peu abondant et se sépare rapidement.

Dosage du tannin. — Plusieurs procédés ont été proposés ; nous en citerons un à la portée de tout le monde, procédé qui nous a toujours donné de bons résultats.

Dosage du tannin par absorption d'oxygène en présence de la potasse. — On fait d'abord une solution alcaline de 1 partie de potasse ou de soude caustiques dans 2 parties d'eau ; on la conserve dans un flacon bien bouché.

La liqueur alcaline et le vin étant à la température du local (cave, salle), on verse dans l'éprouvette 20 cent. cubes de vin (ou 30 cent. cubes si le vin est supposé faible en tannin), puis 10 cent. cubes de la solution alcaline précédente que l'on fait couler le long de la paroi ; on ferme l'éprouvette avec le bouchon de caoutchouc à deux ouvertures dont un des orifices a été fermé avec un bout de verre, l'autre orifice étant ouvert. On ferme ce dernier orifice avec un autre bout de verre que l'on enfonce jusqu'à la partie inférieure du bouchon. On introduit ainsi $0^{cc}8$ d'air, c'est-à-dire un volume d'air égal au volume de la partie creuse du bouchon [1]. L'éprouvette est aussitôt retournée et on lit le volume d'air qu'elle renferme : soit 78 cent. cubes. On évalue ensuite la pression barométrique, soit 756, et la température du local où se fait l'expérience, soit 12 degrés.

Il faut ajouter $0^{cc}8$ à 78^{cc} pour avoir le volume total d'air renfermé dans l'éprouvette, soit $78^{cc}8$. On agite, à plusieurs reprises, l'éprouvette placée horizontalement et on la pose simplement sur une table. Le liquide se colore en vert, puis en jaune brun et se fonce de plus en plus ; le tannin absorbe une partie de l'oxygène de l'air en présence de la potasse. Au bout de 24 heures, l'opération est finie ; l'éprouvette est alors plongée entièrement dans l'eau froide, le fond en haut (seau) : au bout de quelques minutes, on l'ouvre en ayant soin de la maintenir à peu près verticale de façon que l'ouverture soit en bas (éviter de la pencher, afin d'empêcher le départ de bulles d'air). Il y a une légère absorption et l'eau monte dans l'éprouvette. Lorsque le niveau reste invariable, on lit le volume gazeux qui reste dans l'éprouvette en égalisant les niveaux de l'eau de la cuve et de celle de l'éprouvette. Soit 71 cent. cubes le volume gazeux restant. On note ensuite la pression barométrique, soit 758, et la température du bain d'eau froide, soit 12 degrés.

Le tableau final montre que 71 cent. cubes de gaz, sous la pression 758 et à la température 12 degrés, correspondent à $0,0422 \times 71 = 66^{cc}89$ de gaz sec, sous la pression 760 et à la température zéro degré.

On trouve également que $78^{cc}8$ d'air, sous la pression 756 et à la température 12 degrés, correspondent à $0,9396 \times 78,8 = 74^{cc}04$ d'air sec, sous la pression 760 et à la température zéro degré. Donc le volume d'oxygène absorbé par le tannin est de : $74.04 - 66,89 = 7^{cc}15$.

Or, on sait que 20 cent. cubes d'oxygène sont absorbés par 0 gramme 1 de tannin, il en résulte que $7^{cc}15$ d'oxygène ont été absorbés par :

$$\frac{0 \text{ gr. } 1 \times 7,15}{20} = 0 \text{ gr. } 03575 \text{ de tannin.}$$

20 cent. cubes du vin essayé renferment donc 0 gr. 03575 de tannin ; par suite 1 litre en renferme : $0,03575 \times 50 = 1$ gr. 7875.

Nota. — Lorsqu'on n'a pas de baromètre ni de thermomètre, on peut obtenir un résultat satisfaisant, dans les conditions ordinaires, en faisant la différence entre les volumes d'air lus avant et après l'absorption et en multipliant par 0 gr. 0045 le nombre de centimètres cubes obtenus par différence ;

---

[1] Ce volume est le même pour tous nos appareils qui sont vérifiés d'avance ; après de nombreux essais concordants, nous avons adopté des dimensions déterminées qui permettent d'obtenir des résultats comparables.

on passe au litre en multipliant par 50 et on s'arrête aux décigrammes. Ainsi dans l'exemple précédent, on aurait : 0 gr. 0045 × 7,8 × 50 = 1 gr. 7 de tannin par litre.

Il est facile d'ailleurs d'obtenir des résultats exacts en opérant en même temps, dans les mêmes conditions, sur 0 gr. 05 de tannin pur.

Remarque. — Cette méthode nous a toujours donné des résultats concordants ; elle est très simple et très facile à exécuter ; elle s'applique à tous les liquides qui renferment des matières tannantes (moûts, cidres, etc.).

Application. — *Addition de tannin au vin.* — Le dosage du tannin dans les vins a une grande importance relative au collage. Dans un vin insuffisamment riche en tannin, l'éclaircissement par le collage ne se produit pas ; de plus, la colle, étant une substance azotée, peut altérer le vin ; il est nécessaire d'ajouter du tannin quand le vin n'en renferme pas en quantité suffisante. Par exemple, pour 10 grammes de tannin que renferme un volume déterminé de vin, il ne faut pas employer plus de 12 grammes de colle de poisson pour avoir un collage complet. Le collage enlève toujours du tannin au vin ; d'après Ottavi, on peut calculer le poids de tannin à ajouter lorsqu'on pratique le collage. On sait, en effet, que 1 gramme de tannin précipite 1 gr. 8 de gélatine et qu'un blanc d'œuf correspond en moyenne à 4 grammes de gélatine sèche ; si donc on emploie 10 grammes de gélatine par hectolitre de vin, on ajoute 5 grammes 5 de tannin.

Dans les *vins vinés*, on ajoute 30 à 60 gr. de tannin par hectolitre ; la quantité ne doit pas dépasser 100 grammes pour les vins r   es et 60 grammes pour les vins blancs. On ajoute en même temps 40 à   ammes d'acide tartrique et autant de crème de tartre ; le total d'acide tartrique et de crème de tartre ne doit pas dépasser 250 grammes par hecto. Dans le commerce, les préparations tanniques des fabricants de produits œnologiques sont le plus souvent des mélanges où dominent les tannins du chêne, de la noix de galle, du garou, etc. Ces tannins forment avec les matières albuminoïdes des composés insolubles, même à chaud, qui se digèrent très mal dans l'estomac, tandis que les tannins du vin donnent des composés assez solubles à chaud, se digèrent très bien. En général, on dissout 100 grammes de tannin dans un litre d'alcool à 90 degrés ; 10 cent. cubes de la solution alcoolique renferment 1 gramme de tannin.

Manière de reconnaître si un vin est additionné de tannin de chêne ou de noix de galle. — On évapore rapidement un peu de vin dans une petite capsule de porcelaine, à la température de l'eau bouillante. Le résidu est repris par de l'éther à 56 degrés pour dissoudre les tannins. On décante l'éther, on l'évapore, et le résidu obtenu est additionné d'un peu d'eau, puis filtré ; on sature exactement le liquide filtré par une solution de carbonate de soude et ensuite on ajoute une goutte de perchlorure de fer ; le vin naturel donne une belle couleur verte et les vins additionnés de tannins étrangers donnent une coloration bleue, noire ou violette.

Falsifications du vin

Plâtrage

Le plâtrage a pour but de transformer les sels alcalins du vin en sulfate de potasse ; à cet effet, on ajoute une certaine quantité de plâtre à la vendange. On plâtre les vins médiocres afin de rendre la fermentation plus rapide et plus complète, de réduire les lies, de prévenir les altérations du vin par précipitation des germes et d'aviver la couleur par acidification. Les vins ainsi traités se conservent donc bien mieux et ont une couleur plus vive ;

mais il se forme du sulfate acide de potasse aux dépens de la crème de tartre ; ce sulfate agit sur l'organisme d'une façon désastreuse lorsqu'il est en quantité notable. Depuis 1876, la limite du plâtrage a été fixée à 2 grammes de sulfate de potasse, par litre de vin, par les ministères du commerce et de la guerre ; au-delà de cette limite, le vin peut être refusé.

Détermination du plâtrage. — On prépare d'abord une liqueur titrée de chlorure de baryum pur (Marty). A cet effet, on pèse 14 grammes de chlorure de baryum pur, cristallisé et sec ; ce chlorure est préalablement réduit en poudre et pressé entre des feuilles de papier buvard ; on ajoute 50 cent. cubes d'acide chlorhydrique pur et concentré et de l'eau pure en quantité suffisante pour avoir un litre de solution à la température de 15 degrés ; 10 centimètres cubes de cette solution précipitent exactement 0 gramme 1 de sulfate de potasse.

On prélève 50 centim. cubes de vin à essayer et on les fait bouillir pendant quelques minutes dans un petit ballon de verre ; on y ajoute 10 cent. cubes de la solution barytique précédente ; on chauffe de nouveau pendant quelques minutes et on filtre. Si, en ajoutant à la liqueur filtrée un peu de solution barytique, on obtient un trouble, c'est que le vin renferme plus de 2 grammes de sulfate de potasse par litre ; on dit alors qu'il est plâtré au-delà de la limite de tolérance ; dans le cas contraire, le vin se trouve dans la limite tolérée par la loi. En ajoutant seulement 5 cent. cubes de la liqueur barytique à 50 cent. cubes de vin, on peut voir si le plâtrage est supérieur ou inférieur à 1 gramme de sulfate par litre. En opérant comme plus haut et en variant le volume de la liqueur barytique ajouté à 50 cent. cubes de vin, il est très facile de déterminer, entre des limites données, la quantité de sulfate de potasse dans 1 litre de vin (prendre le compte-gouttes de 2 centimètres cubes et le remplir de liqueur barytique ; chaque goutte est de 1/20 de cent. cube). Enfin, à la dégustation, les vins plâtrés sont rudes au palais et dessèchent la gorge.

Poids des sulfates contenus dans les vins naturels non plâtrés. — D'après M. Marty, les vins naturels renferment un poids d'acide sulfurique monohydraté, à l'état de sulfates naturels, compris entre 0 gr. 109 et 0 gr. 328. Ces poids correspondent, le 1er à 0 gr. 194 et le 2e à 0 gr. 583 de sulfate de potasse. Si donc on ajoute 3 cent. cubes de la liqueur barytique précédente à 50 cent. cubes de vin porté à l'ébullition, on précipite tous les sulfates contenus normalement dans le vin. En filtrant et en ajoutant au liquide filtré une nouvelle quantité de la liqueur barytique, on voit, par le trouble produit, si le vin a été plâtré ; le vin non plâtré ne se trouble pas. Le méchage des fûts augmente légèrement la proportion de sulfates ; l'augmentation dépasse rarement 0 gram. 50 par litre.

Addition d'acide sulfurique. — Quelquefois on augmente l'acidité en ajoutant frauduleusement de l'acide sulfurique qui communique aux vins les propriétés des vins plâtrés. Les vins ainsi additionnés d'acide sulfurique renferment une proportion de bitartrate de potasse bien supérieure à celle des vins plâtrés. En dosant le bitartrate de potasse (voir acidité) on peut voir, par le dosage de l'acide sulfurique évalué en sulfate de potasse, si le vin est additionné d'acide sulfurique, ou s'il est plâtré et additionné de crème de tartre.

Vinage

Le vinage consiste dans l'addition d'alcool aux vins faibles, plats et acides, qui ne peuvent se conserver ou être transportés pendant l'été ; on l'emploie aussi pour obtenir des vins suralcoolisés, tels que ceux de Madère et de Marsala, qui puissent se conserver longtemps sans tourner ni s'aigrir. Le vinage donne lieu à des abus ; en effet, on emploie des alcools d'industrie (grains, betteraves, fécules, etc.) que l'on ajoute à des vins suffisamment riches en alcool.

Calcul du vinage. — Voici, d'après l'Instruction pratique du Comité consultatif des arts et manufactures, comment on doit procéder au calcul du vinage.

« 1° *Vins rouges.* — L'expérience a démontré que dans les vins de vendange naturels, il existe un rapport déterminé entre le poids de l'extrait sec et celui de l'alcool. Le poids de l'alcool est au maximum 4 fois 1/2 celui de l'extrait. Lorsque ce rapport est dépassé (avec une tolérance de 1/10 en plus, soit 4,6), on doit conclure au vinage.

Pour déterminer le rapport, on divisera le poids de l'alcool (obtenu en multipliant la richesse exprimée en volume par 0,8), par le poids de l'extrait réduit (prendre le poids de l'extrait sec ordinaire dans le cas des vins non plâtrés et non sucrés).

« 2° *Vins blancs.* — Pour les vins de cette nature, le rapport maximum est fixé à 6,5. A titre de renseignements, on pourra se servir de indications fournies par la densité ; l'expérience a, en effet, montré que, dans la grande majorité des cas, la densité des vins est voisine de celle de l'eau et jamais inférieure à 0,985. Lors donc qu'un vin aura une densité inférieure à 0,985, on pourra être certain qu'il a été viné. Cette densité pourra être déterminée soit par la balance, soit par le densimètre, soit par l'alcoomètre. »

Manière de reconnaître l'alcool amylique des alcools industriels ajoutés au vin. — On extrait par distillation l'alcool d'une grande quantité de vin; on concentre cet alcool ; les dernières portions étant mises dans un tube à essai, on y ajoute 10 gouttes d'aniline, puis 5 gouttes d'acide sulfurique étendu de son volume d'eau ; on agite, et, s'il y a de l'alcool amylique, on obtient une belle coloration rouge. (Voir plus loin : recherche des impuretés des alcools.)

Mouillage

Le mouillage consiste dans l'addition d'eau aux vins de diverses natures. D'après le Comité consultatif d'Hygiène de France, voici quelle est l'action du mouillage : « En saturant les vins par ses carbonates terreux, oxydant les matières astringentes par son oxygène, l'eau altère le goût du vin qui devient plat, en diminue l'acidité et en rend la conservation difficile. Non-seulement le vin ainsi obtenu est moins savoureux, moins nutritif, mais, grâce à la dilution de son alcool, de son tannin et de son extrait, grâce aussi à l'introduction des germes d'altération ou ferments qu'apportent avec elles la plupart des eaux, il se transforme en un liquide qui s'altère assez rapidement s'il n'est pas immédiatement consommé. »

Manière de caractériser le mouillage dans un vin. — Le mouillage peut être pratiqué seul, sans vinage, c'est le *mouillage simple ;* ou bien avec *vinage.*

1° *Mouillage simple.* — Il est facile à caractériser dans les vins naturels, par comparaison avec un vin de même origine et de même année. On dose l'alcool, l'acidité, l'extrait sec et les cendres ; une diminution sensible de ces éléments fait conclure au mouillage. En même temps, la densité du vin mouillé est plus forte et le goût bien affaibli. La proportion d'eau ajoutée sera indiquée par la comparaison entre les différents éléments des deux vins.

2° *Calcul du vinage accompagné de mouillage.* Dans la plupart des cas, le vin mouillé est additionné d'alcool. Voici, d'après l'Instruction du Comité des arts et manufactures, comment on doit opérer pour caractériser le vinage accompagné du mouillage :

« Dans tous les vins normaux, la somme *de l'alcool*, pour cent, en volume, et de *l'acidité* par litre, en poids, n'est presque jamais inférieure à 12,5. L'addition d'eau affaiblit ce nombre ; l'addition d'alcool, au contraire, l'augmente.

Lorsque l'on soupçonnera un vin d'avoir été mouillé et alcoolisé, on déterminera d'abord le rapport de l'alcool à l'extrait ; si le nombre obtenu est supérieur à 4,6, on ramènera par le calcul le rapport à 4,5 et on aura ainsi le poids réel de l'alcool, et par suite la richesse alcoolique du vin naturel ; la différence avec la richesse trouvée directement représentera la surforce alcoolique ; puis on fera la somme *alcool-acide* telle qu'elle a été précédemment définie ; si le vin a été mouillé, le nombre deviendra inférieur à 12,5, c'est-à-dire anormal, et le mouillage sera manifeste.

Soit, par exemple un vin donnant :

Extrait sec par litre........ 14 gr. 2.
Accidité................. 3 gr. 1.
Alcool en volume %...... 16cc (16 degrés).

$$\text{Le rapport en poids alcool-extrait} = \frac{160 \times 0.8}{14,2} = 9,01.$$

La somme alcool-acide = 16 + 3,1 = 19,1.
En ramenant le rapport a 4,5 on a :
Poids de l'alcool naturel 14 gr. 2 × 4,5 = 63 gr. 9.

$$\text{Richesse alcoolique correspondante :} \frac{63,9}{0,8} = 7°,99.$$

Surforce alcoolique : 16 — 7,99 = 8°,01.
La somme alcool-acide devient 7,99 + 3,1 = 11,09.

On se trouve donc en présence d'un vin dont le rapport alcool-extrait déterminé directement est supérieur à 4,5, dont la somme alcool-acide corrigée du vinage est inférieure à 12,5, et l'on doit conclure à une double addition d'eau et d'alcool.

En régle générale, lorsque la somme alcool-acide directe est comprise entre 18 et 19 ou supérieure à ce chiffre, il y a une grande présomption de vinage. »

Remarques diverses. — Pour les vins d'Aramon, la somme alcool-acide s'abaisse à 11,5.

Pour les vins ordinaires, un cinquième d'eau ajoutée fait baisser la somme alcool-acide de 4 unités environ.

Dans les vins plâtrés, l'acidité augmentant de 0 gr.2 par gramme de sulfate de potasse, il faudra retrancher de l'acidité totale, 0 gr. 2 par gramme de sulfate de potasse, le poids de sulfate ayant été déterminé après la précipitation des sulfates normalement contenus dans le vin.

Pour les vins fortement vinés, on peut rechercher la nature de l'alcool ajouté (dégustation et distillation).

Lorsqu'on a affaire à des vins de coupage, il faut, autant que possible, connaître la nature des vins qui ont été mélangés et la proportion de chacun d'eux ; on compare alors les divers éléments.

Dans les coupages où rentrent des vins étrangers, généralement forts en alcool, la somme alcool-acide doit être égale au moins à 17. La dégustation indiquera le vinage et la présence des vins étrangers. A la dégustation, un vin viné a une saveur spéciale, styptique, qui s'accentue quand on le coupe d'eau ; au bout d'un an, cette saveur disparaît en partie, grâce à l'éthérification. Enfin, au laboratoire municipal de Paris, dit M. Girard, le calcul du mouillage est basé sur 12 degrés d'alcool et sur 24 grammes d'extrait par litre ; ces chiffres font ressortir un mouillage de 16 à 17 % pour les vins titrant 10 d'alcool et 20 grammes d'extrait.

Dans les cas douteux, on peut procéder au dosage de la glycérine. D'après M. Pasteur, le poids de glycérine contenu dans un vin varie entre 6 gr. 5 et 8 gr. 5 pour les vins du Midi et 5 gr. 4 à 7 gr. 5 pour les vins de Bourgogne ; d'après M. Gautier, ces poids sont trop faibles ; quand on emploie la méthode d'évaporation totale dans le vide, les poids de glycérine obtenus varient de 6 à 10 gr. par litre.

Enfin, le poids de la glycérine varie, au moins dans nos vins français, du 1/10 au 1/14 du poids de l'alcool qui se forme en même temps par la fermentation. Donc, si le vin a été mouillé et viné, le poids de glycérine a diminué.

En Allemagne, on admet que la glycérine forme les 7 à 14 % de l'alcool et que si on trouve moins de 7 % le vin est viné.

Remarque. — D'après M. A. Gautier, le collage produit les effets suivants :

1° Diminution d'extrait sec de 0 gr. 35 par litre ;
2° Diminution du degré alcoolique des vins d'un 1/10 environ ;
3° Diminution de la coloration des vins rouges de 1/5 environ.

Glycérinage ou schéelisage. — L'addition de glycérine au vin a pour but de l'adoucir, de lui donner du corps et d'assurer sa conservation sans addition d'alcool ; elle sert aussi à masquer le manque d'extrait en cas de mouillage et de vinage (On cite de véritables empoisonnements par la glycérine commerciale).

L'addition de glycérine se reconnaît par l'analyse de ce corps ; le poids de glycérine doit former du 1/7 au 1/14 du poids de l'alcool (en France du 1/10 au 1/14).

Dans un vin viné, mouillé et glycériné, le rapport *alcool-glycérine* (1/7 à 1/14) peut être normal, mais le rapport *alcool-extrait* et le rapport *glycérine-extrait* permettent de reconnaître l'addition de glycérine.

Sucrage

Le sucrage s'emploie pour suppléer au manque de sucre dans le moût, par suite d'un temps froid, ou pour augmenter le degré alcoolique d'un vin ; on emploie le sucre en pain, le sucre de raisin et les glucoses commerciaux ; 1 kilogr. de sucre en pain donne 0 kilo 511 d'alcool ou 0 litre 6432 ; 1 kilo de glucose pur produit 0 kilo 484 d'alcool ou 0 litre 605.

Le glucose commercial le plus pur contient rarement plus de 85 % de glucose pur ; il est mêlé de dextrine et autres impuretés telles que l'alun, le sulfate de chaux, des phosphates, etc.

On reconnaît l'addition de sucre, comme celle de l'alcool, par la modification du rapport de l'alcool à l'extrait. On peut en outre retrouver les impuretés du sucre ; ainsi le glucose de fécule laisse une forte proportion de dextrine non fermentée.

Pétiotisage

Le pétiotisage consiste dans la préparation des vins de seconde cuvée ; ces vins sont obtenus en faisant fermenter le mélange de marc, de sucre et d'eau. Ces vins se comportent à l'analyse à peu près comme des vins vinés et mouillés ; il y a insuffisance d'extrait, de tartre et de glycérine ; la dégustation permet de les distinguer des vins purs.

Gallisage

Le gallisage consiste dans l'addition de sucre et d'eau au moût pauvre en sucre et riche en acide On admet qu'un moût, pour donner un bon vin, doit renfermer 24 % de sucre de raisin et 0,65 % d'acidité ; Gall a conseillé d'ajouter au moût les quantités d'eau et de sucre nécessaires pour ramener sa composition au chiffre précédent. Les vins gallisés ont les mêmes caractères que les vins pétiotisés ; on peut caractériser les impuretés du glucose ajouté.

Vins de raisins secs

Ces vins renferment un excès de sucre, de cendres et d'extrait ; on les vine généralement avant de les livrer au commerce. En général, ils renferment très peu de glycérine, de tannin et sont sans acidité ; la dégustation les reconnaît facilement même dans les coupages ; ils n'ont que le parfum de raisin séché. Mais ils ne chargent pas l'estomac et sent très digestifs. Au point de vue alimentaire, ils sont supérieurs à beaucoup de petits vins âpres et durs des régions du nord.

Coupages du vin avec des vins de fruits

On emploie du vin de groseilles, de fraises, de framboises, de cerises, de mûres et de prunes ; on les reconnaît à la présence de l'acide citrique et de l'acide malique. Ordinairement ces vins de fruits ont un extrait faible, une acidité très grande ; par le sucrage, l'acidité et l'extrait diminuent. La dégustation permet de les caractériser.

Mélanges de cidre et de poiré au vin

On reconnaît ces mélanges aux caractères suivants :

1° A la dégustation, le cidre et le poiré, donnent un goût âpre particulier.

2° On distille l'alcool par l'appareil Trubert, puis on perçoit l'odeur de l'alcool distillé ; l'odeur de l'éther acétique domine lorsqu'il y a addition de cidre. Nous conseillons de faire en même temps une distillation de cidre et de comparer les odeurs et le goût des deux produits distillés (faire également la comparaison avec le produit distillé provenant d'un vin naturel). Ces comparaisons nous ont toujours donné de très utiles indications. On peut également doser l'acidité de l'alcool provenant de la distillation du vin suspect. Un vin additionné de cidre donne un alcool dilué présentant une acidité bien plus grande que celle de l'alcool dilué provenant de la distillation d'un vin naturel.

3° Le cidre et le poiré étant plus colorés que les vins blancs, sont décolorés d'abord par l'acide sulfureux ; on recherche cet acide par l'appareil Trubert comme il est dit page 79.

4° Les vins rouges, additionnés de cidre ou de poiré, ne sont pas limpides.

5° On évapore le vin à consistance de sirop clair dans la capsule ; on laisse cristalliser une partie du tartre ; on décante le liquide surnageant et on l'évapore de nouveau, jusqu'à cristallisation d'une nouvelle quantité de tartre ; on décante de nouveau et on évapore complètement ; le produit de l'évaporation, jeté sur les charbons rouges, donne l'odeur de poires ou de pommes brûlées, si le vin a été additionné de poiré ou de cidre.

6° L'extrait sec total est plus fort que celui des vins naturels ; l'acide tartrique, soit à l'état libre, soit à l'état de crème de tartre, y est en quantité d'autant plus faible que l'addition du cidre a été plus considérable ; en même temps l'extrait est riche en acide malique lorsqu'il y a eu addition de cidre et de poiré.

7° Le poids des cendres du cidre et du poiré est plus grand que celui du vin naturel.

8° Une lame de fer noircit immédiatement, par son contact avec le cidre, à cause de la présence d'acide malique. La coloration noire se produit moins rapidement avec le poiré, mais le poiré agit plus promptement que le vin blanc ; enfin la coloration noire ne se produit, avec le vin naturel, qu'après plusieurs heures de contact.

Agents clarificateurs et conservateurs du vin

On emploie le plus souvent : l'*acide sulfureux* provenant de la combustion du soufre (mutage), ou à l'état de sulfite ; l'*acide borique* ou le borax, l'*acide oxalique* ou l'oxalate d'ammoniaque, l'*acide salicylique* et le *tannin*. On les caractérise comme dans les bières (voir bières). On emploie également l'*abrastol* depuis quelque temps.

L'*acide sulfureux* entrave ou même empêche totalement la fermentation alcoolique du sucre de raisin ; il est utilisé pour la conservation des vins.

L'*acide borique* et le borax agissent comme antiseptiques, s'opposent à la fermentation du vin, facilitent la clarification ; comme ils sont employés à forte dose, ils ont une influence dangereuse sur la santé. L'acide borique a remplacé l'acide salicylique ; on l'emploie à la dose de 200 grammes par hecto ; dans le commerce, on vend des clarificateurs ayant en général la composition suivante : acide borique 28 p. 8, chlorure de sodium 21 p. 4, tannin de galles 49 parties.

On emploie aussi l'acide *borotartrique*.

L'*acide oxalique* n'existe pas dans les vins et son emploi est proscrit, car il agit sur l'estomac ; il peut provenir de l'introduction, dans le vin fraudé, de la betterave, des baies de phytolacca, des fleurs de Bassia latifolia et de la cochenille.

Vins abrastolés. — L'abrastol ou naphtyle sulfate de calcium s'emploie à la dose de 6 à 10 gr. par hecto de vin ; les vins de plus faible degré nécessitent la dose la plus forte. Il sert à clarifier et à conserver les vins, il en entrave complètement les fermentations secondaires ou postérieures. Sa présence ne nuit pas aux recherches des substances étrangères.

Salage des vins

Le salage a pour but de précipiter plus rapidement les matières albuminoïdes, de rehausser le goût du vin et d'augmenter quelquefois le poids de l'extrait.

Les vins naturels, provenant de terrains non salés, renferment une petite quantité de chlore qui, évaluée en sel marin, ne dépasse pas généralement 3 décigrammes ; certains vins cultivés dans des terrains salés ou fumés avec des engrais marins, peuvent en renfermer 6 décigrammes par litre. La loi du 16 mars 1891 considère comme falsifiés les vins contenant plus de 1 gramme de chlorure de sodium par litre.

M. Turié, de Montpellier, ayant analysé des moûts et des vins provenant du château de Villeroy, près Cette, et récoltés sur des terrains salants, a obtenu les résultats suivants :

1° Les vins, provenant des vignes plantées dans des terres salées, peuvent contenir normalement du chlorure de sodium en quantité suffisante pour qu'on les regarde comme falsifiés par addition de sel marin ;

2° Le sel se trouve dans le grain de raisin et n'est pas déposé sur sa pellicule.

Addition de sel marin. — Le chlore est introduit artificiellement dans le vin par les opérations suivantes :

1° Par addition directe du sel dans l'opération du collage ; le sel, mélangé à la colle, accélère son action, et, mêlé aux lies, les empêche de s'altérer ; cette addition est très minime ;

2° Par addition directe du sel pour en masquer le mouillage ou pour aviser la nuance rouge du vin ;

3° Par addition d'eau de mer, pour augmenter l'extrait ;

4° Par le déplâtrage des vins au moyen du chlorure de baryum ; il se produit alors du chlorure de potassium.

Recherche et dosage du chlore. — Les cendres, renfermant une quantité notable de chlorures, ont un aspect fondu caractéristique. On dose le chlore de plusieurs manières :

1° On brûle un volume déterminé de vin à basse température dans une petite capsule de porcelaine, de façon à ne pas volatiliser les chlorures ; on épuise les cendres par de l'eau distillée ; on filtre et on dose le chlore par l'azotate d'argent (par pesée du chlorure d'argent ou volumétriquement par une liqueur titrée d'azotate d'argent).

Si l'on épuise les cendres de 20 centimètres cubes de vin par de l'eau distillée et si l'on ajoute à la liqueur filtrée 5 centimètres cubes d'une solution titrée renfermant 11 grammes 6 d'azotate d'argent par litre, on précipitera tout le chlore correspondant à la dose de 1 gramme de chlorure de sodium par litre ; par suite, si une nouvelle addition d'azotate d'argent produit encore dans la liqueur un précipité de chlorure d'argent, on est sûr que le vin renferme une quantité de chlore correspondant à plus de 1 gramme de chlorure de sodium par litre

2° On décolore 50 centimètres cubes de vin par le noir animal pur, pulvérisé et lavé (exempt de chlorures), et on opère comme précédemment sur 20 centimètres cubes de liqueur filtrée.

Recherche de l'acide chlorhydrique libre. — On procède au dosage du chlore dans les cendres du vin tel quel (l'acide chlorhydrique a disparu), puis, dans les cendres du même vin saturé d'une base pure. La différence entre les deux résultats donne la quantité d'acide chlorhydrique libre.

Alunage des vins

L'alunage consiste dans l'addition d'alun au vin ; c'est une falsification sévèrement punie·

Employé seul (alun de potasse ou alun d'ammoniaque), l'alun a pour but de masquer le mouillage, d'aviver la couleur des vins et de donner à certains vins une saveur âpre et astringente que l'on recherche dans les vins de Bourgogne. On l'ajoute également lorsque l'acidité tartrique est très faible et quand le vin est doux et susceptible de tourner. L'alun peut être mélangé à l'acide tartrique ou servir à fixer certaines matières colorantes ; ainsi, la teinte de Fismes renferme de la baie de sureau dissoute dans une solution d'alun (on a trouvé dans des vins ainsi colorés jusqu'à 7 grammes d'alun par litre).

La recherche de l'alun doit se faire lorsqu'on veut découvrir des colorants artificiels, attendu que peu de colorants organiques sont employés sans alun.

Recherche de l'alun. — *Essai préliminaire.* — Le vin naturel, mêlé avec la moitié de son volume d'eau de chaux, donne, dans un flacon fermé, au bout de 48 heures de repos, un dépôt de cristaux de tartrate de chaux ; le vin aluné, traité de même, n'en donne pas, car la présence de l'alun empêche la cristallisation.

Dosage de l'alumine. — On acidule le vin par un peu d'acide acétique, puis on précipite par un léger excès d'acétate de plomb ; on filtre ; on ajoute un peu d'acide sulfurique dans la liqueur filtrée pour éliminer l'excès de plomb, on filtre de nouveau ; dans le liquide filtré, on ajoute un peu de carbonate de soude qui précipite l'alumine et l'oxyde de fer (si la liqueur ne donne pas de précipité sensible, le vin n'est certainement pas aluné). Lorsque l'oxyde de fer est abondant, on le sépare en dissolvant le précipité dans la potasse chaude : on filtre, et, dans la liqueur filtrée, on précipite l'alumine par le chlorhydrate d'ammoniaque. On lave et on calcine l'alumine ; on la pèse ensuite : le poids d'alumine, multiplié par 9,23, donne le poids d'alun de potasse ; multiplié par 8,82, il donne celui d'alun d'ammoniaque.

Avec 0 gr. 1 à 0 gr. 4 d'alumine par litre, coïncidant avec un excès de potasse et d'acide sulfurique, il y a certitude d'addition d'alun de potasse ; avec 0 gr. 1 à 0 gr. 4 d'alumine, sans excès de potasse ou même d'acide sulfurique, il y a certitude d'addition d'alun ammoniacal.

Un vin normal ne renferme que 0 gr. 02 au plus d'alumine par litre ; tout vin qui en contient plus de 0 gr. 05 à 0 gr. 1 devra être considéré comme aluné.

Addition de colorants étrangers au vin

On peut reconnaître l'addition de matières colorantes de plusieurs façons :

1° *Procédé* basé sur ce fait que la plupart des colorants artificiels, au lieu de se combiner avec le vin, ne font que s'y mélanger plus ou moins. On remplit de vin suspect le petit flacon P (fig. 3) et on dépose ce flacon sur le fond de la cuve F dont l'orifice O est fermé ; on verse avec précaution de l'eau dans la cuve de façon que son niveau dépasse légèrement l'ouverture du flacon. En vertu de sa légèreté, le vin sort et s'étale horizontalement en formant une couche distincte. Si le vin est naturel, le fond de la cuve reste incolore ; s'il est coloré artificiellement, la couleur se diffuse dans toute l'eau de la cuve et le fond est coloré.

Il faut remarquer que la majorité des vins possède un poids spécifique moindre que celui de l'eau ; dans quelques cas, comme, par exemple, dans le cas de vins doux plus lourds que l'eau, l'expérience, ainsi faite, ne réussit pas ; il faut alors boucher le flacon, plein de vin, avec le doigt et plonger le goulot dans l'eau de manière qu'il soit tourné vers le fond ; on retire lentement le doigt sans agitation ; si le vin est coloré artificiellement, la couleur se diffuse dans l'eau de bas en haut, et si le vin est naturel, la couche inférieure de vin est surmontée d'une couche d'eau incolore.

Certains vins très colorés et récemment décuvés peuvent donner des résultats douteux ; on les colle et on les vine avant de les soumettre à l'essai précédent.

2° On prépare une solution à 10 % d'albumine d'œuf (10 grammes d'albumine d'œuf ou de blanc d'œuf dans 90 grammes d'eau) ; on trempe dans cette solution un bâton de craie ; on sèche le bâton imprégné à la température de l'eau bouillante et on gratte légèrement avec un couteau la partie superficielle, afin d'enlever l'excès d'albumine. A l'aide d'une baguette de verre, on laisse tomber une ou deux gouttes de vin sur la craie ainsi préparée. Tout vin donnant une tache verdâtre, violacée ou rose, sera suspect :

Tache bleu gris ou ardoisé	vin pur.
— gris violacé	campêche.
— bleu verdâtre	mauve.
— gris verdâtre	sureau.
— rose franc	fuchsine.
— rose plus faible	cochenille.
— rose plus violacé	orseille.

3° *Procédé* basé sur la propriété que possède une dissolution savonneuse de détruire la matière colorante du vin, sans lui communiquer la couleur verte donnée par les autres liquides alcalins, et en laissant subsister les matières colorantes ajoutées frauduleusement.

On introduit dans un petit tube à essai 5 centimètres cubes de liqueur hydrotimétrique et 5 centimètres cubes d'eau distillée; on ajoute 10 à 20 gouttes de vin suspect et on mélange en fermant le tube avec le doigt et renversant plusieurs fois. Le liquide reste à peu près incolore dans le cas d'un vin naturel; il prend des teintes diverses avec un vin artificiellement coloré. (Rose, rouge, vert, brun, violet, bleu, etc.)

Prendre un vin naturel comme terme de comparaison.

4° *Éther acétique.* — On sature 10 cent. cubes de vin avec de l'eau de baryte jusqu'à coloration verte, et on agite avec 5 cent. cubes d'éther acétique ou d'alcool amylique; on laisse reposer; le vin qui colore l'éther acétique doit être rejeté, car il renferme un dérivé de goudron de houille. La plupart des colorants dérivés des goudrons de houille peuvent être décelés par l'eau de baryte et l'alcool amylique pur. Voici les principales réactions :

1° Si l'alcool amylique est coloré, on peut avoir : ·

Rouge : Rouge de Biebrich, roccelline, rouge de Bordeaux.
Violette : Orseille, violet de gentiane.
Verte : Amido-Azobenzol.

2° Si l'alcool amylique, additionné d'un peu d'acide acétique, donne une coloration, on peut avoir :

Rose : Fuchsine, safranine.
Jaune : Chrysoïdine, chrysaniline, amido-azobenzol.
Violette : Mauvéine, violet de méthyle.

3° On évapore l'alcool amylique : Le résidu de l'évaporation, étant traité par l'acide sulfurique concentré, donne une coloration :

Rouge : Ponceau B.
Cramoisie : Ponceaux R, RR, RRR. ·
Rouge fuchsine : Tropéoline 000, 1 et 2
Violet rouge : Tropéoline 00 (orangé Poirrier 4).
Violet pourpre : Roccelline.
Jaune orangé : Tropéoline 0, chrysoïne et tropéoline.
Jaune : Éosines B et JJ, safrosine, éthyléosine.
Brun jaune : Hélianthine (orangé Poirrier 3).
Vert foncé : Rouge de Biebrich.
Bleue : Rouge de Bordeaux, rouge de Biebrich (du groupe naphtol).
Violet bleuté : Rouge pourpre.

5° *Ammoniaque et alcool amylique.* — 20 cent. cubes de vin sont additionnés d'un excès d'ammoniaque et agités avec 10 cent. cubes d'alcool amylique pur : si l'alcool est coloré, le vin renferme de l'orseille ou un dérivé du goudron de houille.

6° *Alun et carbonate de soude.* — On fait virer au violet 10 cent. cubes de vin par du carbonate de soude en solution diluée ; on ajoute 5 cent. cubes d'alun à 10 %, puis 10 cent. cubes de carbonate de soude au dixième. On filtre; si le précipité est vert bouteille, ainsi que le liquide, le vin est naturel ; si le précipité est violacé ou bleu, ainsi que le liquide, le vin est suspect (probablement campêche, cochenille, phytolacca, sureau, etc)

7° *Coton-poudre.* — On agite dans une petite capsule de porcelaine 20 cent. cubes de vin avec une boulette de coton-poudre; on lave ensuite le coton à l'eau distillée bouillante et on le serre entre les doigts : si le coton est resté blanc ou rose vineux tournant au vert par addition d'ammoniaque, le vin est naturel ; s'il est coloré en rose, en rouge ou en bleu, sans que cette couleur verdisse par l'ammoniaque, le vin est suspect.

8° *Oxyde jaune de mercure.* — On ajoute 40 centigrammes d'oxyde jaune de mercure finement pulvérisé à 20 cent. cubes de vin ; on fait bouillir et on filtre ; la liqueur filtrée reste incolore (même acidifiée), lorsque le vin est naturel ; le liquide filtré est coloré ou se recolore par un acide, si le vin est suspect.

9° *Laine.* — On fait bouillir un petit écheveau de laine blanche bien lavée, ou un petit carré de flanelle blanche bien lavée, avec 20 cent. cubes de vin ; on lave la laine à l'eau distillée ; si la couleur est lie de vin faible, le vin est naturel; si l'écheveau, traité par un peu d'ammoniaque, devient jaune verdâtre, le vin est naturel ; si la laine prend une autre coloration, le vin a été coloré artificiellement.

XIX
Analyse des tartres et lies

Composition. — Les lies de vin sont formées de matières organiques et de sels qui se sont précipités du vin ; si elles proviennent de vins plâtrés, elles renferment du sulfate de chaux. Une cuve de 100 hectolitres de vin produit en moyenne 400 kilos de lies ; cette quantité dépend de la nature du vin et du temps pendant lequel le vin a séjourné dans la cuve. 100 grammes de lies de vin séchées renferment en moyenne 60 grammes de bitartrate de potasse, 5 à 6 grammes de tartrate de chaux, 0 gram. 5 de tartrate de magnésie, 6 grammes de phosphate de chaux ; le reste est formé de phosphate de potasse, de silice, de matières azotées (20 à 21 grammes), de chlorophylle, de matières grasses et de matières gommeuses, colorantes et tannantes.

1° *Dosage de l'acide tartrique total.* — On dissout 5 grammes de tartre dans l'acide chlorhydrique ; on filtre, on lave le filtre avec un peu d'eau ; on réunit l'eau de lavage à la solution filtrée ; on neutralise la liqueur totale en ajoutant de la lessive de soude exempte d'acide carbonique ; on s'arrange de façon à avoir 100 centim. cubes de liqueur. On prend 20 centim. cubes de cette liqueur (ce qui correspond à 1 gramme de matière) et on y verse un excès de chlorure de calcium ; il se forme un précipité de tartrate de chaux, lent à se déposer ; après un temps suffisant, on filtre sur un petit filtre, en faisant passer le dépôt sur le filtre à l'aide d'une plume ou d'un agitateur à bague de caoutchouc. On lave le précipité avec soin ; on le sèche et on brûle le tout dans la capsule de porcelaine. Le tartrate de chaux, dans ces circonstances, donne des cendres formées de carbonate de chaux et de chaux caustique. On transforme alors la chaux caustique en carbonate de chaux : à cet effet, on arrose les cendres, après refroidissement, avec une solution saturée de carbonate d'ammoniaque ; on évapore très lentement à siccité en évitant toute projection ; on chauffe ensuite la capsule au rouge sombre sur la lampe à alcool ; il est prudent de faire 2 fois le traitement au carbonate d'ammoniaque afin de transformer toute la chaux en carbonate de chaux ; on détache le résidu et on le décompose dans le calcimètre Trubert en opérant comme dans le cas des terres. Le poids d'acide carbonique dégagé fait connaître le poids d'acide tartrique total ; il suffit de se rappeler que 44 grammes d'acide carbonique correspondent à 100 grammes de carbonate de chaux, à 188 grammes de tartrate de chaux ou à 150 grammes d'acide tartrique. On peut aussi comparer le dégagement d'acide carbonique, provenant de la décomposition précédente, au dégagement d'acide carbonique produit par 0 gr. 3 de carbonate de chaux pur (voir page 7).

2° *Dosage du tartrate acide de potasse et du tartrate de chaux.* — On brûle 10 grammes de lies dans la capsule de porcelaine, en chauffant pendant assez longtemps au contact de l'air, afin de brûler entièrement les matières organiques; il faut éviter une trop grande élévation de température.

On fait bouillir le résidu avec de l'eau; on filtre; on lave à l'eau bouillante jusqu'à ce que le liquide qui passe sous le filtre ne soit plus alcalin; on fait 100 centimètres cubes de liqueur froide en ajoutant de l'eau s'il y a lieu; cette liqueur renferme du carbonate de potasse et de la potasse caustique. On cherche alors, sur 10 centimètres cubes de liqueur, s'il y a du sulfate de potasse. A cet effet, on acidule ces 10 cent. cubes par de l'acide chlorhydrique; puis, on y ajoute du chlorure de baryum; s'il se forme un précipité blanc de sulfate de baryte, la liqueur renferme du sulfate de potasse. Il faut alors considérer 2 cas : 1° Il n'y a pas de sulfate de potasse; 2° Il y a du sulfate de potasse [1].

1ᵉʳ *Cas. Il n'y a pas de sulfate de potasse : Dosage du tartrate acide de potasse :* On prend 20 centimètres cubes de la liqueur filtrée dont le volume était primitivement 100 centim. cubes; on les verse dans la capsule de porcelaine; on réduit de moitié environ le volume par l'évaporation; on ajoute à peu près 1 gramme de carbonate d'ammoniaque; on mélange bien et on évapore doucement, en présence d'un peu de sable non calcaire, lavé à l'acide, puis à l'eau (mettre environ 3 grammes de sable lavé); on chauffe jusqu'à ce que toute l'eau soit chassée. Le carbonate d'ammoniaque en excès est volatilisé et il ne reste que du carbonate de potasse; on dose le carbonate de potasse comme il est dit page 50 (voir analyse des potasses). On évalue le poids d'acide carbonique; sachant que 22 grammes d'acide carbonique correspondent à 69 grammes 1 de carbonate de potasse, à 188 gram. 1 de tartrate acide de potasse, à 75 grammes d'acide tartrique ordinaire ou à 66 grammes d'acide tartrique anhydre, on peut calculer le poids de tartrate acide de potasse renfermé dans la prise d'essai de 2 grammes. On en déduit le tant pour cent.

Dosage du tartrate de chaux. — Dans la calcination précédente, le tartrate de chaux a donné du carbonate de chaux que l'on trouve sur le filtre, mélangé à du charbon. On dose ce carbonate comme dans le cas du dosage de l'acide tartrique total. En réalité, il y a un mélange de tartrate de chaux et de tartrate de magnésie; par la calcination, on obtient du carbonate de chaux et du carbonate de magnésie; on dose chacun de ces carbonates comme il est dit page 13; sachant que 172 grammes de tartrate de magnésie correspondent à 44 grammes d'acide carbonique, à 88 grammes de carbonate de magnésie, à 150 gr. d'acide tartrique ordinaire ou à 132 gr. d'acide tartrique anhydre, on peut calculer le poids du tartrate de magnésie renfermé dans l'échantillon; en général, cette quantité est faible et peut être négligée; d'ailleurs, le dosage d'acide tartrique total permet d'en tenir compte.

2° *Cas. Il y a du sulfate de potasse. Dosage du tartrate acide de potasse.* — Dans 10 ou 20 centimètres cubes de la liqueur filtrée, dont le volume était primitivement 100 cent. cubes (c'est-à-dire dans un volume correspondant à 1 ou 2 gr. de substance), on ajoute un excès d'eau de baryte; il se forme un précipité de carbonate et de sulfate de baryte et de la potasse est mise en liberté; on filtre, on lave le précipité avec un peu d'eau, jusqu'à ce que le liquide qui passe sous le filtre ne soit plus alcalin; on ajoute cette eau de lavage à la liqueur filtrée. Dans la liqueur totale obtenue, on fait passer un

(1) Le sulfate de potasse provient de l'action du sulfate de chaux sur le carbonate de potasse, et, pour chaque équivalent de sulfate de potasse, il se dépose un équivalent de carbonate de chaux.

excès d'acide carbonique (eau de seltz ou courant d'acide carbonique lavé provenant de la décomposition de la craie ou du marbre par un acide). On se débarrasse ainsi de l'excès d'eau de baryte qui se précipite sous forme de carbonate; la potasse est alors transformée en carbonate de potasse; on fait bouillir, on filtre, on lave le précipité du filtre en réunissant les eaux de lavage au liquide filtré; le carbonate de potasse est alors en dissolution dans cette liqueur. On le dose comme plus haut; on a le poids total de carbonate de potasse correspondant au tartrate acide; on calcule alors le poids de ce tartrate.

Dosage du tartrate de chaux. — Connaissant le poids total de l'acide tartrique et le poids d'acide tartrique correspondant au tartrate acide de potasse, on obtient, par différence, le poids d'acide tartrique correspondant au tartrate de chaux; sachant que 188 gr. de tartrate de chaux correspondent à 150 gr. d'acide tartrique ordinaire ou à 132 gr. d'acide tartrique anhydre, on calcule le poids de tartrate de chaux; on tient compte du tartrate de magnésie, s'il y a lieu.

XX

Analyse des bières

I. *Dosage de l'alcool (degré alcoolique).* — On dose l'alcool par distillation comme dans les vins (fig. 3 page 55) [1]; seulement, avant la distillation, il faut avoir soin d'agiter, à plusieurs reprises, la bière dans le ballon L de l'appareil distillatoire; le ballon est fermé à la main; de temps en temps, on enlève la main pour permettre au gaz de s'échapper : on expulse ainsi l'acide carbonique en excès et on évite la production de la mousse pendant la distillation. Au début, on doit chauffer très doucement, pour éviter la formation de la mousse; on évite également la production de la mousse en ajoutant un peu de tannin. L'alcool recueilli dans le petit flacon P doit avoir une odeur rappelant celle du moût qui sert à la fabrication de la bière et non celle du houblon. Lorsque l'odeur du moût ne domine pas, on peut être sûr que la bière a été fabriquée avec du glucose. La bière doit renfermer au minimum trois pour cent d'alcool; quelques bières peuvent en renfermer 8 pour 100, c'est-à-dire marquer 8 degrés; dans les bonnes bières de conserve, la moyenne est de 4 à 5 pour cent.

II. *Densité.* — On détermine la densité comme il est indiqué page 10 (voir cidre). La densité varie entre 1,014 et 1,025 à la température de 15 degrés centigrades.

III. *Extrait sec réel.* — On peut employer plusieurs méthodes :

1° Par évaporation d'un certain volume de bière au bain-marie, pendant 8 heures; on opère comme dans le cas des vins. Cette évaporation peut se faire dans le vide en présence de l'acide sulfurique et de l'acide phosphorique anhydre.

2° Méthode basée sur la détermination de la densité. On détermine d'abord la densité de la bière à la température de 15 degrés, en opérant comme plus haut. On recueille le produit de la distillation provenant du flacon P, lors du dosage de l'alcool; on le verse dans l'éprouvette à pied et on y plonge l'alcoomètre; on détermine le degré alcoolique à la température de 15 degrés; le tableau A (voir vins, page 59) indique la densité de l'alcool aqueux obtenu par distillation de la bière. On retranche ensuite le nombre représentant cette

---

(1) On ne peut employer l'ébullioscope pour doser l'alcool dans les bières, les résultats obtenus avec cet appareil étant trop forts.

densité du nombre 1 (densité de l'eau) ; on ajoute à la différence obtenue la densité de la bière. On obtient ainsi la densité de la bière privée d'alcool. On cherche alors le poids d'extrait en faisant usage du tableau suivant :

Densité de la bière privée d'alcool.	Extrait pour cent en grammes.
1, 0080	2
1, 0120	3
1, 0160	4
1, 0200	5
1, 0240	6
1, 0281	7
1, 0322	8
1, 0363	9
1, 0404	10
1, 0446	11
1, 0488	12

Exemple : Densité de la bière = 1,017.
Degré alcoolique = 5,2.
Densité de l'alcool aqueux ayant le degré 5,2 = 0,9925.
Différence : 1 — 0,9925 = 0,0075.
Somme : 1,017 + 0,0075 = 1,0245.
Cette somme est comprise, dans le tableau précédent, entre 1,0240 et 1,0281. La différence (10281 — 10240) = 41 correspond à 1 pour cent d'extrait, par suite la différence (10245 — 10240) = 5 correspond à $\dfrac{1 \times 5}{41} = 0,12$, nombre que l'on ajoute à 6, c'est-à-dire au tant pour cent correspondant à la densité 1,0240.

L'extrait de la bière donnée est donc 6 gr. 12 pour 100.

Cette méthode donne une approximation suffisante de la teneur en extrait sec ; elle est beaucoup plus rapide que la méthode par évaporation.

Résultats généraux. — La bière doit renfermer au minimum 35 grammes d'extrait sec par litre ; une bonne bière renferme environ 5 pour 100 de matières solides très nourrissantes. Ces matières sont formées surtout de dextrine, de glucose, de matières azotées et de sels minéraux très utiles pour l'organisme. En général, dans une bonne bière, le rapport du poids de l'alcool à celui de l'extrait varie entre 0,5 et 0,8. Une proportion plus forte d'alcool indique que la bière a été alcoolisée ou brassée avec addition de sucre.

On appelle *extrait réel* l'extrait de la bière privée de son alcool, et *extrait apparent* l'extrait que contient la bière avec son alcool.

Application. — Détermination du degré de concentration du moût avant la fermentation. Degré vrai d'atténuation.

Connaissant la teneur en alcool et l'extrait sec réel d'une bière, on peut calculer approximativement le poids d'extrait du moût qui a produit cette bière. A cet effet, on multiplie par 2 le poids de l'alcool pour cent, et, au produit, on ajoute l'extrait pour cent.

Ainsi, la bière précédente ayant un degré alcoolique égal à 5,2 pour cent en volume, le poids de l'alcool pour cent sera :
5,2 × 0,8 = 4 gr. 16 (1 litre d'alcool pur pèse 0 gr. 8).
Le poids de l'extrait du moût qui a produit cette bière sera donc :
(4,16 × 2) + 6,12 = 14 gr. 44 %
La bière ayant un extrait de 6,12 %, il en résulte que le poids pour cent de

l'extrait du moût qui a disparu pendant la fermentation est de : 14,44 — 6,12 = 8 gr. 32.

Degré vrai d'atténuation. — C'est le rapport de l'extrait disparu pendant la fermentation et de l'extrait du moût qui lui a donné naissance. Dans le cas présent, il est de : $\dfrac{8.32}{14,44} = 0,576$.

IV. *Dosage de la matière albuminoïde.* — On dose l'azote en opérant sur l'extrait provenant d'une certaine quantité de bière (par exemple 100 à 150 cent. cubes de bière évaporée dans le ballon, au bain-marie ou au bain de sable). L'extrait est traité par l'acide sulfurique concentré, comme il est indiqué page 37 (voir dosage de l'azote organique). Le poids d'azote obtenu sert à calculer celui de la substance albuminoïde ; en effet, la matière albuminoïde renfermant 15,5 pour cent d'azote, il suffit de multiplier le poids d'azote par le nombre 100/15,5 = 6,4516 pour avoir le poids de la matière albuminoïde renfermée dans la prise d'essai.

Le poids de la substance albuminoïde est habituellement de 6 à 8 pour cent du poids de l'extrait, rarement de 10 °/₀ ; au-dessous de 6 °/₀, on peut supposer que la bière a été brassée avec addition de sucre ou de matières féculentes.

V. *Dosage de l'acide phosphorique.* — On dose l'acide phosphorique en opérant sur 200 cent. cubes de bière, comme il est dit page 21. Le poids d'acide phosphorique varie de 0 gr. 5 à 1 gramme par litre ; il est de 25 à 40 °/₀ du poids des cendres ; en général, il est de 30 à 55 pour cent du poids des cendres. S'il y a peu d'acide phosphorique, il peut y avoir addition de glucose impur ou de sels minéraux.

VI. *Dosage des cendres.* — Le poids des cendres se détermine comme dans les vins ; on évapore d'abord 100 à 250 centimètres cubes de bière dans une capsule chauffée au bain de sable (on fractionne les 250 cent. cubes en plusieurs parties que l'on ajoute successivement dans la capsule). Le résidu obtenu est ensuite brûlé au rouge sombre à l'aide d'une lampe à alcool ; l'augmentation de poids de la capsule donne le poids des cendres. La bière doit donner au minimum 1 gr. 5 de cendres par litre. On trouve ordinaire-ment un poids de cendres de 2,5 à 5 °/₀ du poids de l'extrait ; si le poids des cendres est supérieur à 5 °/₀, il y a addition probable de substances, comme le chlorure de sodium (sel marin) qui sert pour clarifier la bière, de carbonates alcalins ou de sels provenant du glucose impur ; au-dessous de 1,5 °/₀. on peut supposer qu'il y a eu addition de matières féculentes, telles que fécule, riz, amidon, pauvres en sels minéraux.

On dose *les carbonates* dans les cendres comme il est dit page 43 ; s'il y a une notable proportion de carbonates, on peut soupçonner qu'il y a eu addition de carbonates de potasse ou de soude faite dans le but d'enlever l'acidité des bières passées ou trop acides.

On recherche l'alumine et l'alun dans les cendres en dissolvant celles ci par l'acide chlorhydrique : on précipite l'alumine par l'ammoniaque ; on obtient un précipité blanc gélatineux ; une addition préalable d'acide tartrique à la liqueur empêche la précipitation.

VII. *Dosage du glucose.* — Le dosage du glucose se fait par fermentation en suivant les précautions indiquées page 70. Ce dosage peut également se faire sur le résidu de la distillation de l'alcool.

VIII. *Acidité des bières.* — On fait bouillir pendant quelques minutes 100 centimètres cubes de bière, afin de chasser l'acide carbonique. Dans 20 ou 25 centimètres cubes du liquide froid on dose *l'acidité totale*, en opérant comme pour le vin. Puis, dans 20 autres centimètres cubes, on dose *l'acidité fixe* et *l'acidité volatile* de la façon suivante :

On évapore le liquide, au bain-marie, à consistance sirupeuse, en ajoutant de l'eau et répétant plusieurs fois l'évaporation jusqu'à ce que tout l'acide acétique soit chassé ; le résidu est redissous dans 20 centimètres cubes d'eau et on en détermine l'acidité comme l'acidité totale ; on obtient alors l'*acidité fixe* ; la différence entre l'acidité totale et l'acidité fixe donne l'*acidité volatile*. L'acidité fixe est évaluée habituellement en acide sulfurique monohydraté ou en acide lactique, l'acidité volatile en acide acétique (150 gr. d'acide tartrique correspondent à 180 gr. d'acide lactique, à 98 gr. d'acide sulfurique monohydraté ou à 120 gr. d'acide acétique).

Résultats généraux. — L'acidité augmente le goût et la saveur de la bière et assure sa conservation. Elle est due principalement aux acides lactique, acétique et à des traces d'acide succinique. L'acidité fixe est due surtout à la présence de l'acide lactique ; l'acidité volatile à la présence d'acide acétique. La quantité d'acide acétique renfermée dans une bonne bière est très faible ; elle varie de 0,001 à 0,0068 pour cent en poids. L'acidité totale ne doit pas être supérieure aux 4/100 du poids de l'extrait.

Quotient d'acidité. — C'est le rapport entre la quantité d'acide lactique et le poids, en grammes, de l'extrait renfermé dans une même quantité de bière. Ce quotient varie de 2 à 4 dans les bonnes bières.

Acidité de la levûre de bière. — Une levûre vieille devient acide ; elle dégage une odeur spéciale qui la fait rejeter. Une levûre trop acide produit des fermentations nuisibles à la production de l'alcool. Pour en déterminer l'acidité, on délaye 25 grammes de levûre à essayer dans une quantité d'eau distillée suffisante pour obtenir 100 centimètres cubes. On agite et on prélève 20 centimètres cubes du liquide trouble, dont on détermine l'acidité totale comme celle de la bière ou du vin. On peut opérer sur 5 grammes de levûre introduite dans le flacon A (fig. 1) et délayée dans 20 centimètres cubes d'eau distillée.

IX. *Dosage de l'acide carbonique.* — Ce dosage se fait comme il est dit page 19 (voir dosage de l'acide carbonique dans les vins et dans les eaux).

Les bières renferment des quantités très variables d'acide carbonique. Ainsi la bière mousseuse en contient 5 à 8 fois son volume et la bière de conserve n'en renferme que son volume. Une bière qui renferme moins de son volume d'acide carbonique est plate et ne possède pas de goût agréable.

X. *Agents de falsification* — On distingue: 1º les agents de conservation de la bière ; 2º les matières colorantes ; 3º les succédanés du malt et du houblon.

1º *Agents de conservation.* — On emploie aujourd'hui : l'acide sulfureux à l'état de sulfite, l'acide borique ou le borax, l'acide oxalique ou l'oxalate d'ammoniaque et l'acide salicylique.

Recherche des sulfites ou de l'acide sulfureux. — Le commerce emploie ordinairement le bisulfite de chaux liquide, de densité 1,07, à la dose de 1 litre par 10 hectos de bière. La recherche des sulfites se fait en décelant l'acide sulfureux. A cet effet on prend le flacon P (voir fig. 3) et on y verse de la bière jusqu'à la moitié, et 2 à 3 centimètres cubes d'acide sulfurique pur. On ferme ce flacon avec un bouchon à 2 orifices ; l'un des orifices est traversé par le tube M dont la partie inférieure plonge dans la bière. L'autre orifice est traversé par un tube recourbé relié au tube I par le caoutchouc C. L'extrémité inférieure du tube I plongeant dans un verre renfermant une solution aqueuse de chlorure de baryum mélangée d'eau iodée (quelques gouttes de teinture d'iode), on souffle légèrement, à l'aide de la bouche, par l'extrémité du tube M ; les gaz barbotent dans la bière et entraînent l'acide sulfureux mis en liberté ; s'il y a formation d'un précipité blanc (sulfate de baryte), dans le verre contenant le chlorure de baryum, on peut être certain de la présence d'acide sulfureux et, par conséquent, de la falsification. On opère de la même manière pour le vin.

Recherche de l'acide borique ou du borax. — On brûle dans une capsule de porcelaine 100 centimètres cubes de bière (on peut opérer sur un volume différent); les cendres obtenues sont traitées par l'acide chlorhydrique, puis évaporées de nouveau dans la capsule; le résidu est additionné d'alcool à 90 degrés; on agite et on enflamme l'alcool. La flamme obtenue est colorée en vert, s'il y a du borax ou de l'acide borique. On opère de la même façon pour le vin et le lait.

Recherche de l'acide oxalique et de l'oxalate d'ammoniaque. — On ajoute à la bière une petite quantité d'acide acétique, puis du chlorure de calcium; il se forme un précipité blanc d'oxalate de chaux insoluble dans l'acide acétique, soluble dans l'acide azotique ou dans l'acide chlorhydrique. On opère de la même façon pour le vin.

Recherche de l'acide salicylique (salicylate de soude). — On ajoute à 50 cent. cubes de bière quelques gouttes d'acide sulfurique; on agite la liqueur avec de l'éther bien lavé ou de l'alcool amylique; on laisse reposer; l'éther se sépare; on le décante et on l'évapore au bain-marie dans une capsule de porcelaine. Le résidu est additionné d'un peu d'eau et d'une goutte de perchlorure de fer; il se produit une coloration violette, s'il y a de l'acide salicylique.

2° *Matières colorantes.* — 1° On examine la mousse obtenue par agitation; elle doit être incolore si la bière n'est pas additionnée de matières colorantes étrangères (sauf dans quelques bières brunes).

2° Le tannin n'enlève pas les couleurs ajoutées frauduleusement, tandis qu'il décolore la bière naturelle.

3° Pour déceler la *nitro-rhubarbe*, on ajoute à la bière un peu d'ammoniaque; il se forme une coloration rouge-violacée en présence de nitro-rhubarbe, et une coloration jaune-brun dans le cas de la bière naturelle.

Les matières colorantes les plus employées sont : les *caramels*, le *sang de bœuf* brûlé par l'acide sulfurique et la *chicorée* (voir recherche du caramel : cidre, page 91).

3° *Succédanés du malt.* — Lorsqu'on emploie du glucose commercial, on trouve, dans les cendres, un excès de sels (sels alcalins, chlorure de sodium, sulfate de soude et sulfate de magnésie). Le poids des cendres est alors augmenté; on peut y doser l'acide phosphorique (100 grammes de cendres de bonne bière renferment en moyenne 30 grammes d'acide phosphorique). En moyenne, les sirops de glucose renferment 5 grammes de sels par kilo.

4° *Succédanés du houblon.* — En général, on emploie, pour donner de l'amertume à la bière, les substances suivantes : Quassia amara, fiel de bœuf, aloès, saule, buis, mousse d'Islande, cubèbe, acide picrique, noix vomique.

Lorsqu'on ajoute à la bière un peu de sous-acétate de plomb, le principe amer du houblon est précipité; on enlève l'excès de plomb par un peu de sulfate de soude et on filtre; si le liquide filtré est encore amer, on peut supposer qu'il y a eu addition de substances amères étrangères.

XXI

Etude chimique du jus de la pomme ou de la poire

Sucres fermentescibles. — On peut les doser par fermentation en suivant la méthode indiquée page 70. On trouve, en général, 80 à 170 grammes de sucres par kilo dans la pulpe, ou 80 à 260 gr. par litre de jus. Ce sont les jus les plus riches en sucre qui donnent les cidres les plus riches en alcool. Une moyenne de 150 grammes de sucre donne un excellent cidre.

Tannin. — Le tannin précipite les matières albuminoïdes et pectiques. Il joue donc le rôle de clarificateur ; on peut le doser comme celui du vin, dans l'éprouvette graduée ; il y en a depuis zéro jusqu'à 21 gr. 5 par litre de jus ; d'après M. Truelle, la moyenne n'a jamais dépassé 2 gr. 65 par litre de jus. La proportion la plus convenable paraît être 2 gr. 50 par litre. Les cidres provenant d'un moût pauvre en tannin s'altèrent assez rapidement et deviennent filants.

Acidité. — On dose l'acidité du jus filtré comme celle du moût de raisin et du vin (voir page 63). L'acidité est due en grande partie à l'acide malique. On doit rejeter les fruits qui en contiennent 6 à 7 millièmes. On évalue l'acidité en acide malique en se rappelant que 134 grammes d'acide malique correspondent à 150 grammes d'acide tartrique.

D'après M. Truelle, l'acidité moyenne des jus de fruits du pays d'Auge ne dépasse pas 2 grammes 50 par litre, et il est rare qu'elle s'élève à 4 gr. La proportion la plus convenable est d'environ 2 gr. 50 par litre.

Densité du jus. — On la détermine comme celle du vin. A cet effet, on place le flacon A de notre appareil sur le plateau d'une balance ordinaire ; on lui fait équilibre avec de la tare placée dans l'autre plateau ; on remplace le flacon par des poids marqués ; on a ainsi le poids du flacon vide par double pesée. On mesure ensuite 250 cent. cubes de jus ayant une température de 15 degrés (maintenir au besoin le jus dans un bain d'eau à la température 15 degrés) ; on les verse dans le flacon taré ; on remplace les poids marqués par le flacon renfermant le jus. On rétablit l'équilibre en ajoutant de la tare dans l'autre plateau ; on enlève le flacon et on le remplace par des poids marqués ; on a le poids total du flacon et du jus par double pesée ; la différence des deux poids donne le poids de 250 cent. cubes de jus. En multipliant par 4 on a le poids du litre. Supposons que ce poids soit évalué en grammes ; si on veut tenir compte de la poussée de l'air sur le jus, on ajoute 1 gr. 3 au poids du litre et on divise par 1000.

Exemple : 250 cent. cubes de jus pèsent 266 grammes ; le poids du litre dans l'air sera : $266 \times 4 = 1064$ gr.; ajoutant 1,3 et divisant par 1000, il vient 1,0653 : c'est la densité cherchée, à la température 15 degrés ; (à une autre température, on aurait la densité à cette température).

Résultats généraux. — M. Truelle a classé les jus de la façon suivante :

1° Variétés de pommes médiocres,	donnant un jus de densité comprise entre	1,047 et 1,056
2° —	moyennes,	—	1,057 et 1,064
3° —	bonnes	—	1,065 et 1,069
4° —	très bonnes	—	1,070 et 1,079
5° —	excellentes	—	1,080 et 1,089
6° —	d'élite	—	1,091 et au-dessus

XXII

Analyse du cidre et du poiré

1° *Dosage de l'alcool.* — On opère comme pour le vin (voir page 55).

Le carbonate de soude et la chaux sont employés pour saturer l'excès d'acidité.

2° *Densité.* — On la détermine après filtration du liquide. On opère comme pour le jus de la pomme. La densité du cidre et du poiré varie entre 0,997 et 1,039.

3° *Dosage de l'extrait.* — On opère par évaporation à 100 degrés ou dans le vide comme pour le vin. On évapore 10 cent. cubes de liquide.

4° *Cendres.* — On brûle l'extrait de 100 centim. cubes de cidre en opérant à la plus basse température possible. On opère comme pour le vin. Le poids des cendres varie entre 1 gr. 7 et 5 gr. par 1000 ; la plus grande partie, soit 80 à 90 0/0, est soluble dans l'eau et formée de sels de potasse ; le carbonate de potasse, (lequel provient de la décomposition du malate), est beaucoup plus abondant que dans les cendres de vin ; on le dose comme il est dit page 50. Le carbonate de chaux et le carbonate de magnésie peuvent être dosés dans la partie insoluble (voir page 13).

5° *Acidité totale.* — On dose l'acidité totale du cidre en opérant comme pour le vin, après élimination de l'acide carbonique par ébullition. On l'évalue habituellement en acide malique (134 grammes d'acide malique correspondent à 150 grammes d'acide tartrique), quelquefois en acide sulfurique.

Résultats généraux. — Les acides, contenus dans le cidre, proviennent des fruits ou sont produits par fermentation. L'acidité du cidre, par litre, est voisine des proportions suivantes : acide malique 7 gr. 74 ; acide carbonique, 0 gr. 27 ; acide succinique (et glycérine), 2 gr. 58 ; acide acétique, traces.

Maladie de l'acidité du cidre. — Cette maladie est produite par des ferments analogues à ceux qui produisent l'acescence du vin ; il se forme de l'acide acétique aux dépens de l'alcool du cidre. C'est l'altération la plus commune du cidre.

L'*acidité volatile* est dosée comme dans les vins ; on l'évalue en acide acétique.

6° *Sucre fermentescible.* — On opère comme il est indiqué page 70. Les cidres renferment une plus grande quantité de sucre que les vins faits.

7° *Tannin.* — Le tannin joue le rôle de conservateur. On peut le doser comme celui du vin (voir page 71). Il y a en moyenne 1 à 2 grammes de tannin par litre de cidre. Pour le cidre que l'on veut mettre en bouteille, il ne faut pas plus de 4 à 5 grammes de tannin par litre.

Falsifications. — *Mouillage.* — Au laboratoire municipal de Paris, on admet, d'après un grand nombre d'analyses, que le cidre normal renferme : *alcool pour cent* en volume : moyenne 5 à 6 gr., minimum 3 gr. ; *extrait* par litre : moyenne 30 gr., minimum 18 gr. ; *cendres* par litre : moyenne 2 gr. 8, minimum 1 gr. 7.

Ces limites s'appliquent à un cidre complètement fermenté.

Agents conservateurs. — On recherche l'acide *salicylique*, les *sulfites* et les *sulfates* comme dans le vin ; le carbonate de soude et la chaux sont employés pour saturer l'excès d'acidité.

Colorants. — 1° *Addition de matières colorantes jaunes ou orangées dérivées du goudron de houille* : on les reconnaît en ajoutant de l'alun et du carbonate de soude ; les cidres naturels brunissent à peine, tandis qu'ils donnent une laque et un liquide roses, s'il y a des matières colorantes dérivées du goudron.

2° *Addition de matières colorantes végétales* (coquelicots, nitro-rhubarbe, etc.) : on ajoute au cidre de l'ammoniaque jusqu'à neutralisation, puis du chlorure d'étain ; s'il y a du coquelicot, on a 1 laque violacée; avec la nitro-rhubarbe, la laque est brune.

3° *Caramel* (cidres mouillés) : on verse quelques centimètres cubes d'une solution de tannin formée de 1 partie de tannin dissoute dans 50 p. d'eau, puis quelques cent. cubes d'une solution de gélatine au 1/30; le cidre pur donne une laque surnagée par un liquide incolore, tandis que le cidre, additionné de caramel, donne une laque surnagée par un liquide jaune (Fauré).

XXIII

Dosage du sucre de canne ou de betteraves (fruits sucrés, etc.)

On opère par fermentation en présence de la levûre de bière ; cette fermentation est un peu plus longue que celle du sucre de raisin ; il faut prendre une plus grande quantité de levûre ; celle-ci agit d'abord par son invertine qui transforme le sucre de canne en sucre fermentescible (glucose ou lévulose) qui fermente ensuite régulièrement. On opère comme dans le cas des moûts de vin, mais on remplace le diviseur 2,3 par 2,4. Il est bon d'ajouter quelques gouttes d'une solution d'acide tartrique au dixième.

Exemple. — *Dosage du sucre dans les betteraves.* — On pèse 20 grammes de petites tranches très minces de betteraves choisies de telle façon qu'elles représentent la moyenne de l'ensemble de la récolte. On les chauffe avec 100 centimètres cubes d'eau, au bain-marie (température de l'eau bouillante), pendant un quart d'heure environ ; le sucre se dissout dans l'eau. Pour éviter les projections ou la mousse, on chauffe dans le petit ballon muni de la petite boule de verre ; on filtre ; on laisse refroidir à 15 degrés, on complète le volume à 100 centimètres cubes en ajoutant de l'eau distillée ; on mélange bien et on prend 25 centimètres cubes de la liqueur que l'on fait fermenter comme plus haut. Ce volume correspond à 5 grammes de matière ; on calcule ensuite le tant pour cent.

2° *Sirops du commerce.* — On opère comme pour les vins, en faisant fermenter la liqueur sucrée, convenablement étendue d'eau et additionnée d'acide tartrique. On peut ainsi vérifier le titre des sirops. Il est facile d'ailleurs de rechercher la présence du glucose en opérant comme il est dit en XXVII. (Voir recherche du glucose).

XXIV

Alcools. — Analyse. — Impuretés

L'alcool provient de la fermentation des matières sucrées sous l'influence des levûres ; c'est un des principaux éléments du vin. Dans l'industrie, on obtient surtout des *alcools* par la fermentation des moûts de grains, des pommes de terre, des jus de betteraves et des mélasses.

Degré alcoolique. — On détermine le degré d'un alcool en y plongeant l'alcoomètre légal. On fait la correction de température.

Impuretés des alcools. — Les alcools renferment un certain nombre d'impuretés produites pendant la fermentation ou provenant des impuretés des matières fermentées. On distingue les produits de tête et les produits de queue, caractérisés par la présence de substances volatiles dont les points d'ébullition sont différents :

1° *Produits de tête. — Aldéhydes.* — Les produits de tête sont ordinairement caractérisés par la présence d'aldéhydes et d'éthers, c'est-à-dire par des substances à point d'ébullition peu élevé. Les aldéhydes, et spécialement l'aldéhyde acétique, sont les seuls corps que l'on prend en sérieuse considération dans la recherche des produits de tête.

Pour rechercher les aldéhydes on peut employer plusieurs procédés :

1er *Procédé.* — Procédé basé sur l'emploi de fuchsine décolorée par du bisulfite de soude. — On prépare d'abord le réactif suivant appelé bisulfite de rosaniline :

Solution de fuchsine au millième .... 125 cent. cubes.
Solution de bisulfite de soude concentrée (à 28 Baumé). 75 —
Acide sulfurique au dixième .... 250 --
   (ou 22 centim. cubes d'acide sulfurique concentré).
Eau en quantité suffisante pour faire 1 litre de solution.
On obtient ainsi un réactif incolore ou légèrement jaunâtre.
   On verse ensuite 5 cent. cubes d'alcool dans un tube à essai et 5 cent. cubes du réactif précédent; s'il y a la moindre trace d'aldéhyde, il se forme une coloration rose. La coloration se fonce si la proportion d'aldéhyde augmente.
   Ce réactif est d'une grande sensibilité; la coloration rose se produit même avec les alcools les mieux rectifiés.
   On peut également préparer le réactif suivant :
     1 gramme de fuchsine en solution dans l'eau... 1 litre.
     Bisulfite de soude cristallisé .... 15 grammes.
     Acide chlorhydrique pur .... 10 cent cubes.
   Avec ce réactif, les aldéhydes donnent une coloration violacée.
   2ᵉ *Procédé.* — On ajoute à l'alcool à examiner, ou aux premiers produits de la distillation de cet alcool qui passent vers 50 degrés, une dissolution d'azotate d'argent additionnée d'ammoniaque; on chauffe le mélange dans un tube à essai; s'il y a des aldéhydes, il se forme un dépôt d'argent métallique sur les parois du verre.
   3ᵉ *Procédé.* — On verse 15 à 20 cent. cubes d'alcool à examiner dans un verre, et on y ajoute 1 à 2 cent. cubes d'une dissolution de diazosulfanilate de potassium dans un peu d'eau; s'il y a des aldéhydes, il se produit une coloration rouge intense, après un temps variable qui dépend de la proportion des impuretés. Lorsque l'alcool ne renferme que des traces d'aldéhydes, la coloration ne se manifeste qu'au bout de 10 à 15 minutes; si la coloration est produite au bout d'un temps plus long, il n'y a pas lieu de tenir compte de la présence des aldéhydes.
   Voici comment on prépare la solution de diazosulfanilate de potassium; on dissout 5 grammes de sulfanilate de sodium pur dans 14 cent. cubes d'eau froide; on dissout ensuite 2 grammes d'azotite de sodium dans 2 cent. cubes d'eau; on mélange les deux solutions et on verse le mélange dans 35 cent. cubes d'acide chlorhydrique étendu, obtenu en additionnant 25 cent. cubes d'acide chlorhydrique pur, de 75 cent cubes d'eau. On obtient finalement un dépôt blanc d'acide diazosulfanilique; on enlève le liquide surnageant et on dissout le dépôt dans de la potasse jusqu'à réaction faiblement alcaline.
   2° *Recherche et dosage du furfurol (aldéhyde pyromucique).* — On prépare d'abord de l'acétate d'aniline en mettant dans un verre 1 centim. cube d'aniline pure incolore; on y ajoute 1 cent. cube d'acide acétique cristallisable pur et on mélange avec l'agitateur de verre.
   Pour rechercher le *furfurol,* on fait arriver sur l'acétate d'aniline, à l'aide du tube effilé, sans mélanger les liquides, 10 cent. cubes de l'alcool à essayer. Au bout de peu de temps, s'il y a du furfurol, il se forme une coloration rouge groseille à la surface de séparation des liquides; cette coloration s'étend peu à peu dans toute la masse. Au lieu d'opérer directement sur l'alcool, on peut essayer quelques centimètres cubes du résidu obtenu par la distillation de l'alcool à la température de 80 degrés.
   Cette réaction sensible est employée pour doser le furfurol dans les alcools; il suffit de comparer la teinte obtenue avec celles qui sont données par des solutions titrées de furfurol.
   Résultats. — Les alcools naturels renferment 1 à 2 milligr. de furfurol par litre.

3° *Recherche des bases azotées.* — Lorsque ces matières existent dans les alcools, on obtient les réactions suivantes :

1° Avec le bichlorure de mercure, il se forme plus ou moins rapidement un précipité blanc floconneux ;

2° Avec l'iodomercurate de potassium (réactif de Nessler), additionné d'acide chlorhydrique, on obtient un précipité jaune se transformant en cristaux d'aiguilles jaunes.

3° Avec l'acide phosphomolybdique et l'acide phosphotungstique, on obtient immédiatement un précipité blanc.

Recherche de la pureté des alcools par le procédé Ycor Bang. — 1° *Produits de tête* (aldéhydes, acétal, etc.). — On verse 50 cent. cubes de l'alcool à essayer, dans une solution alcaline renfermant 150 grammes de potasse par litre ; on mélange et on chauffe au bain marie vers 60 degrés. Si l'alcool renferme des produits de tête, il se produit, au bout de quelques minutes, une coloration qui varie du jaune paille au noir, suivant la proportion de ces produits.

2° *Produits de queue.* — (1) On mesure 50 cent. cubes d'alcool et on y ajoute de l'huile légère de pétrole ; on cesse l'addition d'huile lorsque cette dernière ne se dissout plus instantanément. On obtient alors un alcool qui a dissous environ 1/5 de son volume d'huile de pétrole. Ce mélange est additionné de 5 à 6 fois son volume d'eau ordinaire ; l'huile se sépare et surnage ; on la décante avec la pipette et on l'introduit dans un flacon bouché à l'émeri ; on y ajoute quelques centimètres cubes d'acide sulfurique pur concentré. On agite et on laisse reposer ; il se forme deux couches : la couche supérieure est formée d'huile de pétrole ; l'inférieure est de l'acide sulfurique qui est coloré en *jaune* si l'alcool isobutylique domine ; il est coloré en *brun* si c'est l'alcool amylique. La coloration se produit plus rapidement si on chauffe,

Nota. — Les réactions précédentes, appliquées à l'alcool provenant de la distillation des vins remontés par des alcools impurs (voir fig. 3), permettent facilement de déceler les produits de tête et de queue.

Recherche de l'alcool méthylique ou esprit de bois provenant des alcools primitivement dénaturés, puis régénérés. — On peut employer le procédé Fuchs modifié par MM. Portes et Ruyssen.

On mesure 10 centimètres cubes d'alcool à essayer et on y ajoute 5 cent. cubes d'une solution saturée de potasse, préparée au moment de l'expérience, et 3 cent. cubes de solution alcoolique ammoniacale. On verse ensuite dans le mélange quelques gouttes du réactif de Nessler ; lorsque l'alcool ne renferme pas d'alcool méthylique, il se forme immédiatement un précipité rouge orangé ; sinon, le précipité, qui n'est pas immédiat, est d'un blanc jaunâtre.

Altération des alcools de vin. — Il peut se former de l'acide acétique en plus ou moins grande quantité. Pour le rechercher, on sature l'alcool par de la potasse et on évapore dans la petite capsule ; le résidu de l'évaporation renferme de l'acétate de potasse, qui, traité par l'acide sulfurique, laisse dégager des vapeurs d'acide acétique facilement reconnaissables (odeur de vinaigre).

Eaux-de-vie

Les eaux-de-vie sont des mélanges d'alcool éthylique et d'eau en proportions variables, renfermant 45 à 60 °/o d'alcool absolu en volume.

_____

(1) Les alcools qui renferment de l'alcool amylique et des huiles se troublent par addition d'eau. Certaines eaux-de-vie de marc présentent cette réaction.

Les eaux-de-vie peuvent être obtenues par distillation du vin ou par addition d'eau aux alcools d'industrie.

D'après les travaux de M. Ordonneau et de MM. Claudon et Morin, l'eau-de-vie renferme une faible quantité d'impuretés qui se forment pendant la fermentation. On y distingue notamment de l'aldéhyde, des alcools propylique, butylique, isobutylique et amylique (environ la centième partie de la proportion d'alcool éthylique), du furfurol, des bases, des acides et des éthers acides. L'action de cette faible quantité de matières étrangères sur l'économie se confond avec celle de l'alcool éthylique. Il n'en est plus de même lorsque les eaux-de-vie sont obtenues par addition d'eau aux alcools d'industrie imparfaitement rectifiés, qui contiennent des substances beaucoup plus toxiques que l'alcool de vin. En outre, ces eaux de-vie *artificielles* sont additionnées de colorants et de substances aromatiques qui entrent dans la composition des *essences* ou *sauces*, servant à imiter le bouquet et le goût des eaux-de vie naturelles. Enfin, certaines eaux-de vie renferment de l'*extrait* qui est formé des matières enlevées au bois des fûts, du sucre, du caramel, etc. On détermine le poids de l'extrait par évaporation (voir extrait du vin).

Acidité. — Lorsque l'acidité est notable (rhums, kirschs, etc.), on la détermine comme celle du vin.

Recherche des aromates. — On aromatise les eaux-de-vie pour leur donner un bouquet artificiel imitant le bouquet naturel.

On emploie en général :

1° Les *teintures aromatiques* d'iris, de baume de tolu, de vanille ;

2° Les *infusions aqueuses* de raisins secs, de pruneaux, de thé, de tilleul, de camomille et de capillaire ;

3° Les *esprits* de noyaux, d'amandes amères, l'essence de mirbane, le kirch, le vieux rhum, etc. ;

4° Les *éthers artificiels* (nitrique, formique, butyrique), qui constituent les essences artificielles ;

5° L'*acide sulfurique*, l'*ammoniaque*, etc.

Pour rechercher les *teintures* aromatiques, les *infusions* aqueuses et les *esprits* de noyaux ou d'amandes amères, on étend l'eau de-vie de deux fois son volume d'eau ; on l'agite avec de l'éther de pétrole, on décante l'éther et on l'évapore dans la petite capsule à une température qui ne doit pas dépasser 60 degrés. L'odeur et la saveur du résidu sont caractéristiques (Portes et Ruyssen).

Pour rechercher les *éthers artificiels*, on évapore l'eau-de-vie avec de la potasse dans la capsule de porcelaine, et on traite le résidu par l'acide sulfurique ; il est alors facile de percevoir l'odeur caractéristique des acides.

Addition d'acide sulfurique. — Quelquefois, on favorise la production d'éthers par l'addition d'acide sulfurique ; le liquide alcoolique présente alors un certain degré d'acidité ; pour rechercher l'acide sulfurique, il suffit de concentrer l'eau-de-vie, à une douce chaleur, dans la capsule, et d'ajouter du chlorure de baryum ; on obtient un abondant précipité blanc de sulfate de baryte.

Enfin, on reconnaît l'ammoniaque en plongeant dans le liquide un papier rouge de tournesol ; ce papier bleuit en présence de l'ammoniaque.

Cette expérience est une indication, mais non une certitude. Il vaut mieux employer le réactif de Nessler qui donne une coloration jaune brunâtre plus ou moins intense, suivant qu'il y a plus ou moins d'ammoniaque.

Recherche du caramel. — On agite les eaux-de-vie avec 1/6 d'albumine ou blanc d'œuf ; on filtre ; l'eau-de-vie naturelle se décolore, tandis que l'eau-de-vie additionnée de caramel reste colorée.

Nota. — Les méthodes de recherches des substances étrangères dans les alcools peuvent être appliquées aux cognacs, rhums, kirschs, eaux-de-vie de marc, de cidre, de poiré, de bière, wiskey, genièvre, etc.

I. Cognacs naturels et artificiels. — Les cognacs ordinaires sont préparés avec des alcools d'industrie étendus d'eau et additionnés d'essence qui donne le bouquet. On les colore avec du caramel. Ils ont un extrait supérieur à celui des cognacs naturels; en évaporant les cognacs artificiels dans la petite capsule et en brûlant l'extrait, on perçoit l'odeur caractéristique du sucre qui brûle. On peut d'ailleurs reconnaître la présence du caramel comme il est indiqué plus haut.

II. Rhums naturels et artificiels. — Les rhums *naturels* renferment une quantité relativement considérable d'*acides libres* qui peut s'élever à 2 %, et donnent un *extrait* qui atteint quelquefois 12 %.

Les rhums *artificiels*, très communs dans le commerce, sont fabriqués avec des alcools d'industrie auxquels on ajoute de l'eau et un peu d'essence de rhum (mélange d'éthers formique, acétique, butyrique), ou des sauces de rhum; on colore avec du caramel, du cachou, de la teinture d'écorce de chêne, etc.

Les rhums artificiels diffèrent des rhums naturels par leur faible acidité et leur proportion moindre d'extrait.

Distinction des rhums naturels et des rhums artificieis. — On mélange 10 cent. cubes de rhum à essayer avec 3 à 4 cent. cubes d'acide sulfurique ordinaire; après refroidissement, le rhum naturel conserve son arome pendant vingt-quatre heures au moins, tandis que le rhum naturel ie perd près que immédiatement.

III. Kirschs naturels et artificiels. — Le kirsch *naturel* est obtenu par la distillation du jus fermenté et des noyaux de cerises; on y trouve 50 à 55 % d'alcool éthylique, 0,2 à 1,8 % d'acides libres évalués en acide acétique, 3 à 110 milligrammes d'acide cyanhydrique par litre et presque toujours des traces de cuivre provenant de l'attaque des appareils distillatoires par le jus fermenté acide.

On vend, dans le commerce, des kirschs artificiels préparés avec de l'alcool d'industrie (notamment de l'alcool de riz), additionné d'essence de noyaux, d'essence d'amandes amères ou d'eau de laurier-cerise. Ces kirchs ont une faible acidité.

Distinction des kirschs naturels et artificiels. 1º Procédé Rocques. — On verse 100 cent. cubes de kirsch dans un petit ballon (voir fig. 3); on y ajoute 1 à 2 cent. cubes de solution de potasse de manière que le liquide soit fortement alcalin. On distille et on recueille 50 cent. cubes environ de liquide que l'on ramène au volume primitif par addition d'eau distillée. L'odeur de ce liquide, quand il provient de kirschs naturels est tout à fait différente de l'odeur de noyau et rappelle un peu celle du coing. Les kirschs artificiels donnent un alcool ayant une odeur agréable d'amande.

La solution potassique jaunit dans le ballon pendant la distillation, mais ne se trouble pas quand on opère sur du kirsch naturel, tandis que les kirschs artificiels donnent des flocons plus ou moins abondants. Le résidu de la distillation a une odeur rappelant celle de l'infusion de tilleul dans le cas d'un kirsch naturel, tandis que l'odeur rappelle celle de l'amande, quand le résidu provient de kirschs artificiels. Enfin, la liqueur alcaline du ballon, étant refroidie, est rendue acide par addition d'une solution d'acide phosphorique; il se forme un louche dans le cas de kirchs naturels; dans le cas de kirschs artificiels, la solution d'acide phosphorique dissout le précipité formé par la potasse et donne un liquide clair.

2º Procédé Savalle. — On verse 10 centimètres cubes de kirsch dans le petit ballon; on y ajoute goutte à goutte, avec précaution, 10 cent. cubes d'acide sulfurique et on chauffe en agitant jusqu'à ce que le liquide commence à bouillir ; le kirsch *naturel* donne une coloration jaune analogue à celle du perchlorure de fer étendu d'eau ; les kirschs *artificiels* restent incolores ou se colorent quelquefois en gris rosé ; les kirschs préparés au moyen d'eau de laurier cerise donnent une coloration rouge vineux ou brun rosé.

IV. Liqueurs. — Les liqueurs sont des boissons alcooliques renfermant en dissolution des sucres et des principes aromatiques ; la proportion d'alcool varie entre 25 et 35 % en volume, et celle du sucre, entre 100 et 500 grammes par litre.

On détermine le degré alcoolique, l'extrait et l'acidité comme dans les vins (1).

Les impuretés des alcools mal rectifiés peuvent être retrouvées dans le produit distillé ; on les caractérise comme dans les alcools d'industrie.

On peut également rechercher la proportion et la nature des matières sucrées (voir vins).

Enfin, on recherche les matières colorantes, les principes amers et les agents conservateurs comme dans les vins et les bières.

XXV

Etude des vinaigres — Analyse

Dans le commerce, on distingue les vinaigres suivants :

1° *Vinaigre de vin*. — Un bon vinaigre de vin doit renfermer tous les acides et tous les sels organiques et inorganiques qui existent dans le vin ; seul l'alcool se trouve remplacé par une quantité correspondante d'acide acétique : 100 parties d'alcool donnent 130 parties d'acide acétique ; toutefois, il faut prévoir une perte de 15 0/0 environ provenant de l'évaporation et des manipulations.

Le vinaigre de vin est limpide, de teinte jaune ou rouge suivant la couleur du vin qui lui a donné naissance. Il a une odeur agréable et un bouquet particulier qui est dû à la présence d'éthers à acides gras. Sa densité varie de 1,018 à 1,020 ; il renferme de 55 à 90 grammes d'acide acétique par litre. Son extrait est de 13 à 20 grammes par litre ; cet extrait est brun, très acide, et contient beaucoup de crème de tartre.

Le vin blanc donne en général du vinaigre plus fin et plus délicat que le vin rouge. Le meilleur vinaigre s'obtient avec un vin renfermant 8 à 9 0/0 d'alcool ; au-dessus de ce degré, la transformation de l'alcool en acide acétique n'est pas complète ; au-dessous, le vinaigre est plat. Donc si l'on emploie des vins plus fortement ou plus faiblement alcooliques, il faut les ramener au chiffre de 8 à 9 degrés en ajoutant de l'eau ou de l'alcool.

Le vinaigre de très belle apparence s'obtient avec du vin très limpide ; lorsqu'on emploie des vins troubles ou des vins de lies, on doit les filtrer avant de les transformer en vinaigre.

Les vins soufrés (mutés au soufre) se transforment difficilement en vinaigre ; il convient de les aérer pour enlever l'acide sulfureux ; on y parvient en les filtrant avec des filtres à manches.

Enfin, on convertit en vinaigre les vins maladifs (piqués, moisis, poussés) ; le mauvais goût disparaît pendant l'acétification.

2° *Vinaigre d'alcool*. — Ce vinaigre est bien inférieur au précédent ; il ne

---

(1) Toutes les liqueurs renferment des acides de diverses natures et dans des proportions variables. Chaque liqueur a une acidité particulière.

possède pas le bouquet du vinaigre de vin. Sa densité est faible (1,010 en moyenne); il renferme 6 à 8 0/0 d'acide acétique. Il est incolore et donne un extrait insignifiant, peu coloré, ne renfermant pas de tartre.

3º *Vinaigre de bois ou acide pyroligneux.* — Ce vinaigre présente une odeur empyreumatique particulière qu'on perçoit nettement lorsqu'on y ajoute de la chaux pour le saturer. L'extrait sec est faible et ne renferme pas de tartre. Si ce vinaigre est fait avec de l'acide pyroligneux mal purifié, il décolore le permanganate et se colore en rose par l'aniline (réaction du furfurol).

4º *Vinaigre de cidre et de poiré.* — Ces vinaigres donnent un faible extrait ayant une odeur et un goût particuliers; cet extrait ne renferme pas de crème de tartre, mais on y trouve une forte proportion de malates. Sa densité varie de 1,013 à 1,015; il renferme 30 à 40 grammes d'acide acétique monohydraté par litre; l'extrait est de 12 à 15 grammes par litre; il est rouge foncé et d'une saveur de pomme ou de poire.

5º *Vinaigre de bière.* — Ce vinaigre est jaune, d'une saveur amère rappelant celle de la bière aigrie; sa densité est 1,022 en moyenne; elle peut varier de 1,010 à 1,025; il renferme 3 0/0 d'acide acétique. Il donne un extrait sec abondant, d'un poids de 50 à 60 grammes par litre, ayant une odeur de malt et de houblon et une saveur amère. Cet extrait ne renferme pas de crème de tartre; on y trouve une proportion notable de phosphates, de matières albuminoïdes et de maltose.

Enfin, lorsqu'on réduit le vinaigre de bière à la moitié de son volume par l'ébullition, et qu'on y ajoute ensuite le double de son volume d'alcool, il se forme un précipité floconneux de dextrine.

6º *Vinaigre de glucose.* — Ces vinaigres ont le goût de fécule fermentée et renferment les impuretés du glucose, c'est-à-dire de la dextrine et des sels minéraux : si on ajoute de l'alcool à 90 degrés, il se forme un précipité floconneux de dextrine, et du chlorure de baryum, ajouté au résidu de l'évaporation, donne souvent un précipité de sulfate de baryte provenant du sulfate de chaux des glucoses du commerce. On y trouve aussi une certaine quantité de glucose; ils ne renferment pas de crème de tartre.

Enfin, on fabrique également les vinaigres avec des *marcs de vin*, des *résidus de betteraves fermentées*, des *malts de bières*.

Analyse des vinaigres

I. *Détermination de la densité.* — On opère comme pour le cidre (voir page 90). La densité d'un bon vinaigre varie entre 1,018 et 1,020.

II. *Détermination de l'acidité ou force des vinaigres.* — L'acidité totale se détermine comme celle du vin, mais comme le vinaigre renferme une notable proportion d'acide acétique, on l'étend d'eau. Voici, d'après nos expériences personnelles, la manière d'opérer qui nous a donné les meilleurs résultats. On prend 10 centim. cubes de vinaigre et on y ajoute 40 cent. cubes d'eau; on mélange bien : 10 centim. cubes de cette solution renferment donc 2 cent. cubes de vinaigre. On introduit ensuite dans le flacon A (fig. 1) 20 cent. cubes de la liqueur ainsi étendue; on remplit la petite jauge J aux trois quarts avec du bicarbonate de soude en poudre ou en petits fragments et on la dépose avec la pince brucelle sur le fond du flacon A [1]. Le reste de l'opé-

---

(1) Lorsque le vinaigre est assez fort pour que 20 cent. cubes de la liqueur étendue de 4 fois son volume d'eau donne un dégagement supérieur à 100 cent. cubes, il faut ajouter 98 c. c. d'eau à 10 c. c. de vinaigre et opérer comme précédemment sur 20 cent. cubes de la solution obtenue. Cela revient à se rapprocher le plus possible du dégagement gazeux donné par 20 c. c. de la solution tartrique au centième.

ration s'effectue comme pour les vins (voir dosage de l'acidité totale des vins page 64).

On opère de la même façon sur 20 centimètres cubes de la solution d'acide tartrique au centième et on compare les deux dégagements gazeux.

Par exemple, on obtient un dégagement de 87 centim. cubes avec 20 cent. cubes de vinaigre étendu de 4 fois son volume d'eau, c'est-à-dire avec 4 cent. cubes de vinaigre donné. On obtient, dans les mêmes conditions, 62 cent. cubes avec 20 cent. cubes de la solution d'acide tartrique au centième.

Or, 20 cent. cubes de la solution d'acide tartrique renferment 0 gr. 2 d'acide tartrique pur qui correspondent à 0 gr. 1598 d'acide acétique ; en effet on a (voir tableau des acidités page 65) : 0 gr. 2 × 0,799 = 0,1598 ; ce poids d'acide donnant un dégagement gazeux de 52 cent. cubes, 87 cent. cubes seront produits par : $\dfrac{0 \text{ gr. } 2 \times 87}{52}$ = 0 gr. 3346 d'acide tartrique, ou par : $\dfrac{0 \text{ gr. } 1598 \times 87}{52}$ = 0 gr. 27 d'acide acétique, provenant de 4 cent. cubes de vinaigre. En passant au litre, on trouve : $\dfrac{0 \text{ gr. } 27 \times 1000}{4}$ = 67 gr. 5; ce qui revient à multiplier 0 gr. 27 par 250. Donc, le vinaigre essayé possède une acidité totale égale à 67 gr. 5 d'acide acétique par litre.

Proportion d'acide acétique en volume. — La densité de l'acide acétique pur étant 1,055, on peut calculer la proportion d'acide acétique, en volume, renfermée dans 1 litre de vinaigre, en divisant le poids d'acide acétique, par litre, par 1,055 ; en particulier, dans le cas précédent, on obtient par litre :

$$\frac{67,5}{1,055} = 64 \text{ cent. cubes, soit 6,4 \% en volume.}$$

III. *Détermination du poids de l'extrait sec.* — On opère comme pour les vins, par l'évaporation d'un petit volume de vinaigre (voir page 57).

Application. — *Recherche des additions de vinaigre d'alcool ou d'acide acétique au vinaigre de vin.* — Les vinaigres de vin renferment de 13 à 20 grammes d'extrait par litre ; le rapport du poids de l'acide acétique au poids de l'extrait est de 4,5 à 5. Si ce rapport est plus élevé, il y a addition de vinaigre d'alcool ou d'acide acétique.

IV. *Détermination du poids des cendres.* — On opère comme pour les vins (voir page 62).

V. *Recherche des falsifications des vinaigres.* — On peut rechercher les falsification suivantes :

1° *Addition d'acide acétique au vinaigre de vin.* — (Voir plus haut).

2° *Addition d'aromates.* — Pour relever le goût plat des vinaigres faibles, on ajoute les substances suivantes : gingembre, poivre, piment, graine de moutarde, pyrèthre, garou, maniguette, etc. On reconnaît ces matières en frottant quelques gouttes de vinaigre entre les mains ; le nez perçoit une odeur aromatique que ne possède pas le vinaigre naturel ; de plus, les vinaigres aromatisés ont un goût âcre et piquant ; et, si on évapore à une douce chaleur un petit volume de vinaigre suspect, le résidu sec possède une saveur piquante et caustique qui ne se produit pas avec les vinaigres naturels. Enfin, si l'on sature le vinaigre par un peu de carbonate de soude (cristaux) ou par la chaux, la liqueur a encore une saveur brûlante, tandis que dans les mêmes conditions, les vinaigres naturels ont un goût de sel non aromatique.

3° *Addition d'acides minéraux* tels que les acides chlorhydrique, sulfurique, azotique. On peut les reconnaître par les moyens suivants :

1er *moyen.* — On sait que l'amidon, en contact avec l'iode, donne une coloration bleue ; si donc on a transformé l'amidon en glucose par saccharification en présence d'acides minéraux, la coloration bleue ne se produit plus.

On fait bouillir, pendant 20 minutes, le vinaigre suspect, additionné d'un peu d'amidon ou de fécule (prendre les proportions suivantes : 100 cent. cubes de vinaigre pour 0 gr. 05 de fécule ou d'amidon et faire bouillir dans une capsule de porcelaine ou dans un ballon). On laisse ensuite refroidir la liqueur et on l'essaye par l'eau iodée ou par quelques gouttes de teinture d'iode. Si l'iode ne donne pas de coloration bleue, c'est que le vinaigre renferme des acides minéraux qui ont transformé l'amidon en glucose. Si la coloration bleue se produit, il n'y a pas d'acides minéraux.

2ᵉ *moyen.* — On verse dans 20 ou 25 cent. cubes de vinaigre, 4 à 5 gouttes d'une solution, au millième, de violet de méthylaniline ; il se produit une coloration verte ou bleu vert, s'il y a des acides minéraux ; la coloration reste violette, s'il n'y a que de l'acide acétique.

3ᵉ *moyen.* — On ajoute au vinaigre une solution de chlorure de calcium et de l'oxalate d'ammoniaque ; il se forme de l'oxalate de chaux qui est dissous, s'il y a des acides minéraux, et qui reste insoluble, si le vinaigre ne renferme que des acides organiques.

Les acides minéraux employés le plus souvent pour falsifier les vins sont l'acide chlorhydrique, l'acide sulfurique et l'acide azotique.

Recherche de l'acide chlorhydrique. — Lorsque l'on ajoute une solution de nitrate d'argent dans du vinaigre naturel, il ne se produit qu'un léger louche (le vinaigre naturel contient rarement plus de 0 gr. 1 de chlore par litre) ; donc, si l'addition de nitrate d'argent donne un précipité abondant de chlorure d'argent, il faut chercher s'il est dû au chlorure de sodium (sel de cuisine) ou à l'acide chlorhydrique libre. Voici comment on peut trouver la présence du chlorure de sodium et de l'acide chlorhydrique : on chauffe dans le ballon L (fig. 3) 50 à 100 centimètres cubes de vinaigre et on recueille le produit distillé dans le flacon P refroidi par de l'eau froide. Pour reconnaître la présence de l'*acide chlorhydrique* dans le liquide distillé, on ajoute quelques gouttes de nitrate d'argent ; s'il y a de l'acide chlorhydrique on obtient immédiatement un précipité blanc caillebotté de chlorure d'argent, soluble dans l'ammoniaque et insoluble dans l'acide nitrique. Pour rechercher le *chlorure de sodium*, on ajoute un peu de nitrate d'argent au résidu de la distillation ; s'il y a du chlorure de sodium, il se forme un précipité abondant de chlorure d'argent.

Recherche de l'acide sulfurique. — Les vinaigres naturels renferment une petite quantité de sulfates, de sorte que, en ajoutant du chlorure de baryum en solution, il se forme toujours un léger précipité de sulfate de baryte, à moins que le vinaigre ne provienne d'un vin plâtré ; si ce précipité est assez abondant, il faut rechercher l'acide sulfurique ; à cet effet, on chauffe le vinaigre suspect avec une solution saturée de chlorure de calcium ; après refroidissement, il se forme un précipité de sulfate de chaux, s'il y a de l'acide sulfurique libre.

On peut également évaporer 30 ou 40 cent. cubes de vinaigre ; on ajoute au résidu un petit morceau de sucre qui noircit s'il y a de l'acide sulfurique.

Recherche de l'acide azotique. — On peut reconnaître la présence de l'acide azotique de plusieurs manières :

1° On chauffe le vinaigre avec son volume d'acide sulfurique concentré, en présence d'une lame de cuivre ou de tournure de cuivre ; il se forme des vapeurs rouges ou vapeurs nitreuses, s'il y a de l'acide azotique.

2° Si on ajoute quelques gouttes de vinaigre à une solution de sulfate de fer dans l'acide sulfurique, on obtient, s'il y a de l'acide azotique, une coloration variant du rose tendre au pourpre.

3° Chauffé à l'ébullition avec une solution de sulfate d'indigo, il y a décoloration et formation d'une teinte jaune bleuâtre, s'il y a de l'acide azotique. On peut doser l'acide azotique ou nitrique en opérant comme pour les nitrates et en faisant usage de l'appareil représenté par la fig. 2 (page 24).

Recherche de l'acide phosphorique. — Quelques commerçants peu scrupuleux ajoutent de l'acide phosphorique préparé à bon marché par l'action de l'acide sulfurique sur le phosphate de chaux. On décède cette fraude en obtenant l'extrait sec du vinaigre. Cet extrait est traité par l'alcool ; on filtre. La liqueur filtrée est additionnée d'eau et chauffée pour chasser l'alcool ; le résidu est additionné d'un peu d'eau et donne, s'il y a de l'acide phosphorique, un précipité jaune avec le molybdate d'ammoniaque.

4° *Addition de vinaigre de bois* (acide pyroligneux). — Le vignaigre de bois est employé pour couper les vinaigres de vin ou d'alcool. On caractérise la présence du vinaigre de bois par celle du furfurol qui l'accompagne presque toujours en petite quantité. A cet effet, on ajoute au vinaigre quelques gouttes d'aniline incolore qui produit, en présence du furfurol, une coloration rouge cramoisie très foncée et très fugace.

5° *Addition d'acide oxalique.* — On verse de l'ammoniaque dans le vinaigre en conservant la réaction acide; puis, on y verse du chlorure de calcium ; s'il y a de l'acide oxalique, il se forme un précipité d'oxalate de chaux.

6° *Addition d'acide tartrique.* — On ajoute de la potasse au vinaigre, jusqu'à ce qu'un papier de tournesol rouge, trempé dans le vinaigre, y bleuisse. On ajoute alors quelques gouttes d'une solution concentrée de chlorure de baryum ; si le vinaigre renferme de l'acide tartrique, il se forme un trouble dû à la précipitation du tartrate de baryte ; dans le cas contraire, le vinaigre ne se trouble pas.

7° *Addition de matière colorante.* Les vinaigres trop pâles sont souvent remontés avec du caramel. Si le vinaigre a été ainsi coloré, on obtient un précipité quand on ajoute de la paraldéhyde.

XXVI

Analyse du lait

I. Examen physique

Caractères physiques du lait normal de vache. — Le lait normal est un liquide opaque d'un blanc mat, ayant une odeur fade et caractéristique, d'une saveur douce et légèrement saline.

Couleur. — Une couleur blanche, tirant légèrement sur le jaune, et l'opacité indiquent que le lait est riche en crème ; une couleur bleuâtre indique que le lait est pauvre en crème ou est écrémé ; quelquefois, la teinte bleue paraît provenir de l'alimentation ; c'est ainsi que le sainfoin, l'orcanette, la prèle communiqueraient au lait une couleur bleue se développant sous l'influence de l'air ; la garance le teinterait en rose.

Saveur. — La saveur doit être douce, légèrement saline et sucrée ; la saveur est faible lorsque le lait est écrémé ; une saveur acide est l'indice d'un commencement d'altération ou d'un lait anciennement trait ; une saveur alcaline indique l'emploi du bicarbonate de soude ; une saveur très sucrée indique l'addition de sucre ou de glucose.

Densité. — La densité du lait normal est comprise entre 1,028 et 1,042 à la température 15 degrés. Le lait écrémé et le lait filtré (¹) ont une densité égale

---

(1) La filtration du lait enlève les matières grasses et la matière caséeuse insoluble qui restent sur le filtre : sous le filtre, passe un liquide clair tenant en dissolution toutes les substances solubles.

à 1,033 qui varie peu, quel que soit le lait considéré ; il en résulte que la substance grasse fait varier la densité.

Détermination de la densité. — 1° *Lait non écrémé.* On agite doucement le lait, afin de le rendre homogène, et on détermine la densité comme celle du moût ou jus de pomme (voir page 90). On note la température ; si la température du lait n'est pas égale à 15 degrés, on fait une correction : à cet effet, on augmente ou on diminue de 1 millième le nombre trouvé, pour une variation de température de 5 degrés comptée au-dessus ou au-dessous de 15 degrés, soit 0,2 par degré.

EXEMPLES : On trouve une densité de 1,031 à 25 degrés ; à 15 degrés, la densité sera 1,033 ; si la densité était de 1,034 à 10 degrés, la densité à 15 degrés serait 1,033.

2° *Lait écrémé.* — Le lait écrémé est plus lourd que le lait non écrémé. On laisse reposer le lait non écrémé pendant 24 heures dans une petite terrine ou un vase de forme basse comme une tasse ou un pot à confiture. La crème monte entièrement et on l'enlève avec soin à l'aide d'une cuillère ; on détermine la densité du lait écrémé en opérant comme pour le lait non écrémé.

Remarque. — Dans le cas de laits très riches en crème, la densité du lait non écrémé peut être trouvée égale à 1,025 ou même à 1,022 ; on pourrait croire qu'il y a addition d'eau, mais le dosage de la crème permet d'éviter cette cause d'erreur (voir plus loin, mouillage et écrémage).

II. — Dosage des éléments constitutifs du lait

Dosage de la crème

1re *méthode.* — On verse 100 centimètres cubes de lait dans l'éprouvette graduée en faisant couler, en mince filet, le lait que l'on a préalablement agité doucement. On laisse reposer pendant 24 heures, dans un endroit frais ; on lit la hauteur de crème en notant la division qui se trouve à la partie la plus inférieure de la couche de crème. Le nombre 100, diminué du nombre qui représente cette division, exprime, en centièmes, la teneur en crème. L'addition au lait de son volume d'eau et d'une pincée de bicarbonate de soude, facilite le départ de la crème ; le chiffre doit alors être doublé.

Résultats généraux. — La quantité de crème varie avec la nourriture et l'état sanitaire des vaches, avec le nombre et le moment des traites, etc. ; ainsi le lait provenant d'une seule vache peut renfermer [illegible] 20 centièmes de crème. On admet que le lait normal du commerce, qui provient de traites différentes, renferme 9 à 14 centièmes de crème. Le *lait bouilli* laisse monter une crème plus dense et moins volumineuse (le volume est environ moitié plus petit que celui de la crème du même lait non bouilli) ; il faut un temps beaucoup plus long (48 heures), pour que la séparation soit complète.

Inconvénients de cette méthode. — Les résultats dépendent du degré de consistance ou du tassement de la crème, de la température, du régime, etc.; enfin le lait peut tourner dans le courant de l'opération ; il en résulte des inexactitudes.

2° *Méthode alcalicrémométrique* (Dr Quesneville). — On évite les causes d'erreur précédentes en employant la méthode dite alcalicrémométrique ; on prépare d'abord la liqueur suivante ou liqueur de Quesneville : on mélange 225 centimètres cubes d'ammoniaque de densité 0,93 avec 32 cent. cubes de potasse ou de soude de densité 1,34 ; on obtient ainsi un liquide qui doit avoir exactement une densité égale à 1. On le conserve dans un flacon que l'on bouche parfaitement ; on agite le lait avec soin et on en verse dans l'éprouvette graduée jusqu'à la division 50 (cinquante centimètres cubes) ; on ajoute à ce volume 1 centimètre cube de la liqueur de Quesneville ; on ferme l'éprouvette avec le bouchon et on agite modérément en retournant l'éprouvette plusieurs fois. On place ensuite l'éprouvette dans le bain-marie chauffé préalablement à 40 degrés. Cette température est maintenue pendant 12 heures à l'aide d'une veilleuse ou d'une petite lampe à alcool ; au bout de ce temps, on évalue la hauteur de la crème. On double pour avoir la quantité de crème en centièmes. On peut opérer sur 100 centimètres cubes de lait.

Dosage de la matière grasse

1er Procédé. — Ayant déterminé la quantité de crème, on peut en déduire approximativement celle de la matière grasse ; en effet, la teneur en graisse est le tiers environ de celle de la crème [1] ; par exemple, 11 % de crème correspondent à 3,60 % de graisse.

2e Procédé. — *Dosage direct.* — Une méthode plus précise consiste à déterminer directement la graisse qui donne le beurre et qui se trouve en suspension dans le lait. Cette méthode est basée sur la faible solubilité du beurre dans un mélange de lait alcalinisé, d'alcool et d'éther (Marchand).

Dans l'éprouvette graduée on verse du lait jusqu'au trait 30 (soit 30 cent. cubes) ; on ajoute une ou deux gouttes de lessive de soude (lessive des savonniers) ou 3 gouttes d'une solution de 1 partie de potasse dans 2 parties d'eau.

On verse de l'éther à 65° jusqu'au trait 60 (soit 30 cent. cubes d'éther) ; on ferme l'éprouvette avec un bouchon ou avec la paume de la main et on agite ; la matière grasse du lait se dissout alors dans l'éther (la lessive de soude rend la solubilité de la graisse plus complète). On ajoute ensuite dans l'éprouvette de l'alcool à 90 degrés, jusqu'au trait 90 ; l'alcool précipite la matière grasse sous forme de globules. On agite de nouveau et on plonge l'éprouvette, fermée par un bouchon, dans de l'eau à la température 40 ou 43 degrés ; la matière grasse se rassemble à la surface, et au bout de 15 à 25 minutes, lorsqu'il ne monte plus de bulles graisseuses, on lit le nombre de divisions comprises entre la partie supérieure et la partie inférieure de la couche graisseuse : soit 2 divisions ; ces deux divisions correspondent à 30 cent. cubes de lait ; donc un litre de lait, ou 1000 cent. cubes, donnera une couche graisseuse de : $\dfrac{2 \times 1000}{30} = 66$ divisions 66. Or, d'après M. Marchand, il reste dissous, dans le mélange éthéro-alcoolique, 0 gr. 0126 de graisse par centimètre cube de lait, soit 12 gr. 6 par litre ; on sait, en outre, qu'une division correspond à 0 gr. 233 de beurre ; par suite, 1 litre de lait essayé renfermera un poids de beurre de :

$$12 \text{ gr. } 6 + 0.233 \times 66,67 = 28 \text{ gr. } 13.$$

Résultats généraux. — Un litre de lait de bonne qualité renferme 30 à 33 grammes de beurre. D'après le Conseil d'Hygiène de la Seine, on doit considérer comme mouillé, tout lait qui renferme, par litre, moins de 115 gr. d'extrait et moins de 27 grammes de beurre, comme écrémé tout lait qui contient moins de 27 grammes de beurre. Donc, si dans l'essai précédent, on trouve une colonne graisseuse ayant une longueur moindre que la longueur comprise entre deux divisions, on pourra considérer le lait comme écrémé ou mouillé ; on verra si le lait est mouillé en cherchant le poids de l'extrait.

Remarque. — Au lieu d'employer une ou deux gouttes de lessive de soude

---

[1] Le contrôle pratique et industriel du lait par Dornic, professeur à l'Ecole de laiterie de Mamirolle (Doubs).

ou de potasse, on peut ajouter 2 à 3 gouttes de liqueur de Quesneville ; le poids de matière grasse sera donné par la formule : P = 9 gr. 2 + 2,33 × N, où P désigne le poids du beurre, N le nombre de divisions lues sur l'éprouvette.

3e Procédé. — On porte le lait à l'ébullition pendant 5 minutes ; on l'introduit dans le flaçon, on le laisse refroidir jusqu'à 20 degrés environ ; on ferme le flacon et on le secoue jusqu'à ce que le beurre soit entièrement séparé ; on passe le produit obtenu à travers un linge ; on lave le beurre, on le presse pour enlever l'eau et on le pèse. On passe au litre.

4e Procédé. — On ajoute 80 centimètres cubes d'eau à 20 cent. cubes de lait ; on coagule par quelques gouttes d'acide acétique, on laisse déposer et on filtre sur un filtre taré. On lave le contenu du filtre avec de l'eau en réunissant les eaux de lavage au liquide filtré. Ce liquide sert au dosage de l'albumine et du sucre de lait. On dessèche le filtre et on l'introduit dans un petit ballon. On l'arrose d'éther et on ferme le ballon incomplètement à l'aide de la petite boule de verre jointe au nécessaire ; on évite ainsi une trop grande évaporation de l'éther. On chauffe le ballon avec précaution au bain-marie ou directement, en ayant soin d'enlever le feu aussitôt que l'ébullition de l'éther se produit. On filtre et on recueille l'éther dans la petite capsule de porcelaine tarée d'avance. L'enlèvement de la matière grasse du filtre est complet lorsqu'en traitant de nouveau le filtre et son contenu par un peu d'éther chaud, une goutte du liquide qui passe par filtration ne laisse plus de matière grasse par évaporation. Sur le filtre reste la caséine et sous le filtre a passé l'éther chargé de matière grasse. On évapore cet éther et on pèse le résidu ; l'augmentation de poids de la capsule donne la quantité de *beurre* renfermée dans 20 cent. cubes de lait. On passe au litre.

Dosage de la caséine. — La caséine est restée sur le filtre dans l'opération précédente ; on dessèche le filtre et son contenu à 100 degrés et on pèse ; l'augmentation de poids du filtre donne le poids de caséine et de sels insolubles. On brûle le filtre, on pèse les cendres ; en tenant compte du poids des cendres fournies par le papier du filtre, on obtient le poids des sels insolubles. En faisant la différence entre les deux poids obtenus, on obtient le poids de la *caséine.* En multipliant par 50, on a le poids de caséine renfermé dans 1 litre de lait.

Dosage de l'albumine. — Le liquide qui provient de la séparation de la matière grasse, de la caséine et des sels insolubles est porté à l'ébullition dans un petit ballon ; l'albumine se coagule. On filtre sur un filtre taré, on lave, on sèche jusqu'à poids constant et on pèse après refroidissement. L'augmentation de poids du filtre donne le poids d'albumine renfermé dans 20 cent. cubes de lait. On passe au litre.

Remarque. — On dose l'azote total en évaporant 20 cent. cubes de lait au bain-marie ; on traite le résidu par l'acide sulfurique concentré et on termine l'opération comme il est dit page 37 (voir dosage de l'azote organique). On peut alors contrôler les poids de caséine et d'albumine (la matière albuminoïde renferme 15,5 % d'azote).

Dosage du sucre de lait ou lactose. — La liqueur, débarrassée de l'albumine par la filtration précédente, est complétée à 200 cent. cubes par addition d'eau. On dose le sucre de lait par la liqueur de Fehling ; 10 cent. cubes de cette liqueur correspondent à 0 gr. 0635 de sucre de lait.

On peut aussi employer la liqueur de Poggiale qui se compose de : crème de tartre, 10 grammes ; sulfate de cuivre, 10 grammes ; potasse caustique 30 grammes, et eau distillée, 200 grammes ; 20 cent. cubes de cette liqueur correspondent à 0 gr. 20 de sucre de lait.

Dosage de l'extrait sec. — Poids de l'eau.

1er Procédé. — Dosage approximatif. — Connaissant la densité du lait à la température 15 degrés et la quantité de matière grasse, on peut calculer approximativement le poids de l'extrait sec du lait pour cent, et par suite le poids de l'eau. A cet effet, on emploie la formule suivante :

$$E = 1,2 \ g. \times 2,665 \ \frac{(100 \ d - 100)}{d},$$

où E désigne le poids de l'extrait, g la quantité de matière grasse pour cent, d la densité à 15 degrés.

Exemple : $g = 3,1 \ \%$, $d = 1,032$; on a :

$$1,2 \times 3,1 + 2,665 \frac{(100 \times 1,032 - 100)}{1,032} = 12.$$

Le lait examiné renferme donc 12 % d'extrait et $100 - 12 = 88$ % d'eau.

2º Procédé. — On évapore 10 cent. cubes de lait dans une capsule à fond plat portée à la température de 95 degrés, jusqu'à ce qu'il n'y ait plus de perte de poids (cette température est maintenue constante par un régulateur). On pèse ; l'augmentation de poids de la capsule fait connaître le poids de l'extrait renfermé dans 10 cent. cubes de lait. Lorsqu'on n'a pas de régulateur on évapore à l'eau bouillante jusqu'à ce qu'il n'y ait plus de perte de poids ; on pèse et on ajoute 3 % au poids du résidu obtenu (Magnier de la Source).

Poids de l'eau. — La différence entre le poids du lait employé et celui de l'extrait sec donne le poids de l'eau contenue dans le lait.

Résultats généraux. — D'après le résultat d'un grand nombre d'expériences, on a constaté que le lait normal renferme 13 % de son poids d'extrait et 87 % d'eau.

Mouillage du lait. — Connaissant le poids de l'extrait, on peut calculer le mouillage. Exemple : soit un lait renfermant 10 % d'extrait ; sachant que 13 % correspondent à 100 parties de lait normal, 10 correspondent à :

$$\frac{100 \times 10}{13}$$

ou 76 p. 9 de lait normal ; le mouillage est donc :

$100 - 76,9 = 23,1 \ \%$; le lait a donc été additionné de 23,1 % d'eau.

Dosage des cendres

L'extrait sec étant pesé, on le brûle en chauffant la capsule tant que les cendres ne sont pas parfaitement blanches. Il ne faut pas dépasser le rouge sombre, afin de ne pas volatiliser le chlorure de sodium. On trouve en général 7 grammes de cendres par litre de lait normal ; les cendres d'un lait normal ne renferment ni azotates, ni sulfates; elles sont légèrement alcalines.

Le dosage rigoureux des cendres peut aussi être fait comme celui des cendres du vin (voir page 61).

Acidité du lait

Le lait peut être alcalin ou acide : beaucoup de vaches soumises aux mêmes habitudes et à la même nourriture ont donné, les unes du lait acide, les autres du lait alcalin. D'après les études de M. Marchand, de Fécamp, le lait, dans son état normal, fourni par un animal doué de bonne santé, est presque toujours acide ; la dose de l'acide libre contenu dans le liquide, au moment où il sort des mamelles, s'élève ordinairement à plusieurs grammes par litre. Les termes obtenus par M. Marchand sont compris entre 0 gr. 82 et 4 gr. 22 par litre (en acide lactique). Au contact de l'air, le lait s'aigrit ; une partie de la matière sucrée subit la fermentation lactique; la fermentation d'abord très lente, s'accroît jusqu'au moment où le lait se coagule, coagulation qui se manifeste ordinairement lorsque le lait contient 7 à 8 millièmes de son poids d'acide lactique libre. La caséine est alors précipitée et nage dans un liquide jaune verdâtre appelé *sérum* ou *petit lait*. On dit que le lait a tourné, qu'il est caillé.

D'après les expériences de M. Dornic, professeur à l'Ecole de Mamirolle (Doubs), il y a lieu de distinguer 2 sortes d'acidité (l'acidité étant évaluée en acide lactique) : l'une, *naturelle*, qui est celle que le lait possède à l'état frais ; elle est de 1 gramme 4 à 1 gramme 5 par litre pour les laits dits *alcalins*, de 1 gr. 6 à 2 gr. par litre pour les laits *ordinaires* ou *bons* (en général l'acidité d'un lait normal est 1 gr. 8); de 2 gr. 2 et plus pour les laits dits *acides*. L'autre acidité ou acidité *artificielle* ou acquise est celle qui provient de la fermentation lactique. Les laits ne tournent à l'ébullition que lorsqu'ils ont une acidité égale à 2 gr. 7 par litre ; ils tournent à froid lorsque l'acidité atteint 8 à 8 gr. 5. Le dosage de l'acidité du lait permet donc de reconnaître si les laits peuvent être conservés ou stérilisés. Les laits alcalins et les laits acides sont à rejeter car ils ne se conservent pas et donnent des produits défectueux.

Détermination de l'acidité. — On fait d'abord une solution alcaline titrée renfermant 0 gr. 8 de soude caustique pure par litre ; 0 gr. 8 de soude neutralisant 1 gr. 8 d'acide lactique, 10 cent. cubes de cette solution alcaline neutralisent exactement 18 milligr. d'acide lactique pur (acidité de 10 cent. cubes de lait normal). On mesure 10 cent. cubes de lait et on y ajoute 10 cent. cubes de la liqueur de soude ; on mélange bien avec l'agitateur et on examine la coloration donnée par une goutte du mélange posée sur un papier blanc imprégné de phénolphtaléine. On examine le changement de coloration du papier. Si la coloration est rose, le lait présente une acidité comprise entre 1 gr. 6 et 1 gr. 8 : le lait est normal ; si la coloration est rouge violacée intense, l'acidité est inférieure à 1 gr. 6 et le lait est dit alcalin ; enfin s'il n'y a pas de coloration, le lait présente une acidité supérieure à 1 gr. 8.

Au lieu d'employer ce procédé à la touche, on peut ajouter au lait 1 ou 2 gouttes d'une solution alcoolique de phénolphtaléine (1 p. de phénolphtaléine dissoute dans 30 p. d'alcool) ; le mélange devient rose ou rouge violacé suivant que le lait est normal ou alcalin ; il reste incolore dans le cas d'un lait acide. Il est facile d'ailleurs d'obtenir exactement l'acidité d'un lait en faisant varier le volume de la liqueur alcaline ajoutée pour neutraliser exactement 10 cent. cubes de lait. A cet effet, on ajoute d'abord 1 ou 2 gouttes de phénolphtaléine à 10 cent. cubes de lait, puis 5 cent. cubes de la solution titrée de soude, si le lait est alcalin ou normal. A l'aide du compte-gouttes (entre chaque trait il y a 1 centimètre cube), on ajoute 1, 2, 3, 4... cent. cubes de la solution de soude jusqu'à ce qu'on ait une coloration rose faible persistante. Supposons qu'on ait employé 8 cent. cubes de la solution de soude, plus 11 gouttes ; chaque goutte ayant un volume de 1/20 de centim. cube, il faut donc $8^{cc}55$ de solution alcaline pour neutraliser 10 cent. cubes de lait ; par suite, 10 cent. cubes de soude neutralisant 18 milligr. d'acide lactique, $8^{cc}55$ neutralisent : $\dfrac{18 \times 8,55}{10}$ ou $18 \times 0,855 = 15$ millig. 39.

10 centim. cubes de lait ont donc une acidité équivalant à 15 milligr. 39 d'acide lactique, soit 1 gr. 539 par litre. Dans le cas d'un lait acide, on ajoute d'abord 10, 15, 20... centimètres cubes de la solution de soude et on complète avec le compte-gouttes jusqu'à coloration rose persistante.

Remarque. — Le dosage de l'acidité de la crème se fait de la même façon ; la crème douce présente ordinairement une acidité de 1 gr. 5 à 1 gr. 6 et une crème bonne à baratter 6 à 7 gr. [1]

---

[1] M. Dornic a imaginé un appareil très commode pour la détermination du degré d'acidité des laits ; dans le commerce, cet appareil porte le nom d'acidimètre Dornic.

Falsifications du lait

Mouillage et écrémage. — Le mouillage consiste dans l'addition au lait d'une certaine quantité d'eau ; l'écrémage enlève une certaine quantité de crème. L'écrémage peut être accompagné du mouillage. Le lait écrémé augmente de densité ; une addition d'eau redonne au lait sa densité primitive. On a remarqué qu'un dixième d'eau, ajouté à du lait pur, diminue la densité de 3 millièmes à la température 15 degrés ; si le lait est écrémé, la diminution est de 3,25. Pour chercher si le lait a été mouillé et écrémé, on peut employer les méthodes suivantes :

1° *Détermination basée sur la connaissance de la densité et de la richesse en crème.* — On détermine la densité du lait non écrémé, c'est-à-dire entier, et la densité du lait écrémé ou maigre et on fait usage du tableau suivant (Krœmer et Schulze).

Nᵒˢ	DENSITÉ du LAIT ENTIER	CRÈME %	DENSITÉ du LAIT MAIGRE	JUGEMENT DU LAIT
1	au-dessous de 1029	moins de 10	au-dessous de 1032	1. Addition d'eau. Il y a même écrémage partiel quand la teneur en crème est très faible.
2		10 et plus	au-dessous de 1032	2. Si la teneur en crème est voisine de 10, il y a eu addition d'une petite quantité d'eau ; si elle dépasse 10 de beaucoup, on a affaire à un lait pur, riche en graisse.
3		10 et plus	au dessus de 1032	3. Non fraudé. Lait très riche.
4	au-dessus de 1033	au-dessous de 10	légèrement plus forte que celle du lait entier.	4. Écrémé.
5		10 et plus	sensiblement plus forte que celle du lait entier	5. Non fraudé. Grande teneur en caséine, sucre et sels. Très fréquent chez les vaches prêtes à tarir.
6	entre 1029 et 1033	au-dessous de 10	au-dessous de 1032	6. Écrémé, puis additionné d'eau.
7		au-dessous de 10	1032 ou plus	7. Demi-écrémé. Pour 8 à 10 % de crème, le lait peut être non fraudé.
8		10 et plus	au-dessus de 1032	8. Non fraudé.
9		10 et plus	au-dessous de 1032	9. Même remarque que pour le n° 2.

On obtient approximativement le degré de mouillage en multipliant la différence de densité du lait de l'étable et du lait suspect par 3. Exemple : 1030 et 1025 ; différence. 5 ; mouillage 5 $\times$ 3 = 15 °/₀.

2ᵉ *Méthode.* — On détermine le poids de l'extrait. On admet que le lait moyen de composition normale renferme 13 °/₀ d'extrait. Soit un lait renfermant 10 °/₀ d'extrait ; sachant que 13 °/₀ correspondent à 100 p. de lait normal, 10 correspondent à : $\dfrac{100 \times 10}{13}$ ou 76 p. 9 de lait normal ; le mouillage est donc de : 100 — 76,9 = 23, 1 °/₀.

3ᵉ *Méthode.* — On détermine l'acidité du lait de chaque livraison ; dans ces conditions, le même lait a une acidité caractéristique ; s'il y a une notable et brusque diminution, on est sûr qu'il y a addition d'eau. On pourra calculer le poids d'eau ajouté en évaluant la baisse d'acidité, lorsque le lait est frais.

Remarque. — Le conseil d'hygiène de la Seine considère *comme mouillé*, tout lait qui renferme par litre moins de 115 grammes d'extrait avec 27 gr. de beurre et 45 grammes de lactose au moins ; *comme écrémé*, tout lait qui contient moins de 27 grammes de beurre.

Addition de matières étrangères. — Pour dissimuler l'écrémage et le mouillage, on ajoute des substances étrangères qui, augmentant la densité du lait, donnent une consistance et une opacité convenables et masquent la teinte bleuâtre du lait mouillé. On augmente la densité du lait additionné d'eau et on relève sa saveur en ajoutant de l'amidon, de la fécule, de la farine, des infusions de riz, d'orge, de son, etc. On les reconnaît par quelques gouttes de teinture d'iode ou d'eau iodée que l'on verse dans une certaine quantité de lait bouilli, puis refroidi ; on obtient une teinte bleue d'autant plus foncée que les substances féculentes sont en plus grande quantité.

On peut aussi coaguler le lait à chaud par quelques gouttes d'acide acétique ; on filtre ; la liqueur, filtrée et refroidie, est additionnée de quelques gouttes de teinture d'iode ; la coloration bleue se produit s'il y a des matières féculentes.

On ajoute aussi du *sucre* ou du *glucose*, mais en petite quantité, car 1/100 de sucre donne déjà au lait un goût sucré anormal et 2/100 lui donnent une saveur sucrée très nette. Pour reconnaître ces substances, on ajoute au lait 10 °/₀ de levûre de bière, et on fait fermenter, en opérant comme il est dit page 70, à 25 ou 30° ; au bout de quelques heures, le dégagement de gaz carbonique est rapide et abondant. Le lait pur ne fermente pas d'une manière aussi prompte et aussi franche.

On peut d'ailleurs coaguler le lait par quelques gouttes d'acide acétique, filtrer et faire fermenter la liqueur filtrée (petit lait) par la levûre.

La *dextrine* se reconnaît en précipitant par de l'alcool ajouté dans le lait ou dans le petit lait ; on filtre ; le précipité est dissous par un peu d'eau ; on ajoute de l'eau iodée à cette dissolution ; il se produit un rouge vineux s'il y a de la dextrine.

Matières gommeuses. — On donne de la consistance et de l'opacité en ajoutant au lait des matières gommeuses, des jaunes et des blancs d'œufs, du caramel, de la gélatine, etc. Lorsque les matières gommeuses existent dans le lait, l'addition d'alcool au petit-lait y occasionne un précipité très abondant ; dans le petit lait d'un lait pur, il ne se produit qu'un léger trouble.

Enfin, on masque la *couleur bleuâtre* du lait mouillé en ajoutant du jus de réglisse, de l'extrait de chicorée, de la teinture de pétales de soucis, des carottes cuites au four, etc. Ces couleurs donnent une nuance au petit lait.

Agents de conservation. — 1º *Bicarbonate de soude.* — Cette substance est employée pour retarder l'altération ou acidité du lait (dose 1 à 2 millièmes).

On reconnaît l'addition de bicarbonate de soude : 1º A l'examen des cendres dont le poids est supérieur à 8 grammes par litre et qui ont une réaction nettement alcaline ; les cendres de lait pur ne font pas effervescence avec les acides ; s'il y a du bicarbonate, il se produit une effervescence.

2º En ajoutant au lait une à deux gouttes d'acide acétique et en chauffant : le lait pur coagule immédiatement ; s'il y a du bicarbonate, la coagulation est plus lente.

3º En dosant l'acidité ; il y a une notable diminution.

2º *Borax.* — Son alcali se combine à l'acide lactique de fermentation et l'acide borique mis en liberté agit comme antiseptique.

Pour rechercher le borax, on opère comme pour la bière (voir page 89).

3º *Acide salicylique.* — On recherche cet acide en opérant sur le petit-lait, comme dans la bière, après avoir précipité la caséine par quelques gouttes d'acide acétique.

XXVII

Analyse des urines

Quantité d'urine émise. — On mesure ou l'on pèse la quantité d'urine émise en 24 heures ou dans une période déterminée du jour ou de la nuit. Pour faire une mesure exacte, on peut procéder de la façon suivante : On vide la vessie à une heure donnée et on rejette l'urine ; cette heure forme le point de départ ; on conserve ensuite la totalité de l'urine émise jusqu'au lendemain à la même heure (24 heures), ou jusqu'à un autre moment que l'on note exactement. Le volume de l'urine normale chez l'homme adulte est de 1200 à 1400 centimètres cubes en 24 heures ; chez la femme, il est de 1000 à 1200.

Polyurie. — Dans quelques cas particuliers, des malades émettent 10 à 12 litres d'urine en 24 heures ; il y a *polyurie.* Deux cas peuvent alors se présenter : 1º il n'y a pas dilution de l'urine, c'est-à-dire que le poids total des matières solides est plus grand que le poids normal pendant 24 heures ; si l'augmentation porte sur les éléments normaux de l'urine (matériaux azotés, surtout urée), on a la *polyurie avec azoturie* ou *diabète insipide ;* si l'augmentation porte sur le sucre qui est un élément anormal, on a le *diabète sucré ;* 2º il n'y a pas augmentation du poids normal des substances solides ; il y a donc dilution de l'urine ; on a la *polyurie simple ou aqueuse* appelée aussi *hydrurie.*

Couleur. — On caractérise la couleur de l'urine par les expressions suivantes : incolore, jaune paille, jaune citron, jaune ambré, jaune, jaune foncé, jaune rougeâtre, jaune brun, brun, brun foncé, brun rouge, rouge, rouge acajou, brun noir. La couleur varie *normalement* du jaune pâle au jaune rougeâtre.

Réaction de l'urine. — L'urine *normale* de l'homme et des animaux carnivores est acide ; on le constate en plongeant un papier bleu de tournesol dans l'urine. Il faut constater la réaction au moment de l'émission, parce que l'urine normale devient neutre, puis alcaline, par la transformation de l'urée en carbonate d'ammoniaque (odeur ammoniacale).

Si l'urine est *alcaline* au moment de l'émission, c'est-à-dire bleuit le papier rouge de tournesol, elle peut provenir d'un cas pathologique (rein en inflammation, présence d'un calcul dans la vessie, etc.) ; l'urine est alors trouble, visqueuse et filante ; elle renferme souvent du pus et possède une odeur infecte.

Quand on examine une urine alcaline, on peut distinguer deux cas :

1° L'urine dégage de l'ammoniaque quand on la chauffe dans un tube à essai ; on constate ce dégagement en présentant un papier rouge de tournesol ; il bleuit immédiatement lorsqu'il y a de l'ammoniaque ; on peut également présenter une baguette de verre plongée dans l'acide chlorhydrique ; il se forme aussitôt des fumées blanches, s'il y a de l'ammoniaque. Enfin cette urine laisse déposer du phosphate ammoniaco-magnésien. Il faut alors savoir si l'urine est récente ou vieille.

2° Il n'y a pas de dégagement d'ammoniaque et il ne se dépose pas de phosphate ammoniaco-magnésien : on est certain qu'au sortir des voies urinaires, l'urine était alcaline. On verse un acide : s'il se produit une effervescence avec dégagement d'acide carbonique (gaz qui trouble l'eau de chaux), il y a des carbonates alcalins ; s'il ne se produit pas de dégagement gazeux, l'alcalinité est due aux phosphates alcalins.

Détermination de l'acidité totale de l'urine. — *Procédé Trubert.* — On opère comme pour la détermination de l'acidité totale des vins (voir p. 64). On obtient ainsi l'acidité en acide tartrique. On peut l'obtenir en acide sulfurique ou en acide oxalique, ou même on peut chercher quelle est la quantité d'hydrate de soude qui est neutralisée par l'urine essayée. En effet, il suffit de se rappeler que 75 grammes d'acide tartrique correspondent à 49 grammes d'acide sulfurique monohydraté, à 45 grammes d'acide oxalique pur et à 40 grammes d'hydrate de soude pur. La moyenne de l'acidité de l'urine *normale* émise en 24 heures par un adulte sain correspond à 2 gr. 8 d'acide tartrique, à 1 gr. 8 d'acide sulfurique monohydraté environ, ou à 1 gr. 7 d'acide oxalique. Enfin, cette acidité normale est neutralisée par 1 gr. 5 d'hydrate de soude pur.

Résultats généraux. — L'acidité de l'urine normale est plus grande après le repas ; elle est plus élevée chez le nouveau-né que chez l'adulte et elle paraît diminuer chez les vieillards. Elle s'accroît sous l'influence du régime lacté et avec l'exercice musculaire ; le régime végétal et l'abstinence l'abaissent sensiblement, et dans l'inanition, l'urine devient alcaline. Enfin, chez les diabétiques, l'acidité est 3 ou 4 fois plus grande qu'à l'état normal.

Détermination de l'alcalinité. — On ajoute à 20 cent. cubes d'urine un volume suffisant (5,10..... cent. cubes) d'une solution d'acide tartrique au centième ; l'addition de la solution tartrique doit être telle que le liquide résultant ait une réaction franchement acide (si le volume de la solution tartrique à ajouter était trop grand, on emploierait une solution au 1/50 ou au 1/25 de manière que le dégagement gazeux dans l'éprouvette graduée soit assez notable). On note exactement le volume de la solution tartrique ajoutée ; puis on détermine l'acidité totale du liquide résultant en opérant comme plus haut et en ayant soin de comparer le dégagement gazeux à celui qui est donné par un même volume de la solution tartrique au centième.

La différence de l'acidité de la solution tartrique ajoutée et de l'acidité totale du mélange exprime le poids d'acide tartrique qui peut saturer l'alcalinité de la prise d'urine. Sachant que 75 grammes d'acide tartrique correspondent à 40 grammes d'hydrate de soude pur, il est facile d'évaluer l'alcalinité en hydrate de soude.

Aspect et dépôt de l'urine. — On examine si l'urine est transparente ou trouble au moment de l'émission ; après un repos suffisant, on examine également si l'urine s'éclaircit et devient transparente ; rarement, l'urine froide est parfaitement limpide ; on devra noter l'absence ou la présence de dépôts.

Lorsque l'urine est trouble, on filtre et on traite le dépôt du filtre par quelques gouttes d'acide nitrique très dilué ; s'il y a des phosphates ou des oxalates, ils se dissolvent et disparaissent, tandis que les mucus, l'acide urique, les épithéliums, les tubes urinifères et les ferments ne sont pas attaqués.

Densité de l'urine. — Le flacon A de l'appareil étant bien desséché, on le place sur le plateau d'une balance ordinaire ; on lui fait équilibre avec de la tare placée dans l'autre plateau ; on remplace le flacon par des poids marqués ; on a ainsi le poids du flacon vide par double pesée. On mesure ensuite 250 centimètres cubes d'urine ayant une température égale à 15 degrés ou voisine de 15 degrés [1] ; on les verse dans le flacon taré ; on remplace les poids marqués par le flacon renfermant l'urine. On rétablit l'équilibre en ajoutant de la tare dans l'autre plateau ; on enlève le flacon d'urine et on le remplace par des poids marqués ; on a le poids total du flacon et de l'urine par double pesée : la différence des deux poids donne le poids des 250 cent. cubes d'urine. En multipliant par 4, on a le poids du litre. On obtient la densité en divisant le poids du litre évalué en grammes par 1.000. Si l'on veut tenir compte de la poussée de l'air sur l'urine, on ajoute 1 gr. 3 au poids du litre.

EXEMPLE : 250 cent. cubes d'urine pèsent 255 gr. 5 dans l'air ; le poids du litre dans l'air sera : $255,5 \times 4 = 1022$; ajoutant 1,3 et divisant par 1000, on a 1,0233 ; c'est la densité cherchée à la température 15 degrés. Si la température est notablement différente de 15 degrés, on fera la correction suivante : pour 3 degrés en plus ou en moins, il faudra augmenter ou diminuer la densité de 1 millième.

Résultats généraux. — L'urine normale a une densité variant entre 1,018 et 1,024. Les variations peuvent être assez grandes suivant qu'on pèse l'urine aux différentes heures de la journée (repas, repos ou exercice). L'absorption des liquides peut abaisser la densité à 1,004 ; si cette diminution est permanente, c'est le signe d'un état morbide (exemple, la polyurie). L'augmentation de densité a lieu dans le diabète sucré ; elle peut alors aller jusqu'à 1,080.

Poids des matières fixes dissoutes dans l'urine ou résidu fixe. — Ce poids varie de 30 à 40 grammes par litre dans l'urine normale. On peut le déterminer de plusieurs manières :

1° *Approximativement,* en multipliant le nombre formé par le chiffre des centièmes et des millièmes de la densité par 2,2 (agenda du chimiste) ou par 2,33 (manuel clinique d'Yvon) ; on a ainsi le poids d'extrait par litre. Exemple : Densité 1,019 ; le résidu fixe sera $17 \times 2.2 = 41$ grammes 8.

2° *Méthode plus exacte.* — On évapore 10 à 15 cent. cubes d'urine dans la petite capsule de porcelaine, à l'air libre ou au bain-marie pendant trois heures, puis à la température de l'eau bouillante jusqu'à poids constant. L'augmentation de poids de la capsule donne le poids des matières fixes dissoutes dans la prise d'essai.

Il y a disparition d'une certaine quantité d'urée ; pour éviter cette cause d'erreur, on détermine la proportion d'urée dans l'urine comme il est dit page 114, et on évapore un certain volume d'urine ; on pèse le résidu ; on dose de nouveau l'urée qui reste dans ce résidu en ajoutant une quantité suffisante d'eau pour éviter toute élévation de température. La différence de poids indique la perte d'urée par évaporation ; on l'ajoute au poids du résidu fixe. Il est inutile de tenir compte de la décomposition des bicarbonates.

---

[1] L'éprouvette de notre appareil ayant été graduée à la température de 15 degrés et la température de la salle variant entre 14 et 16 degrés, on peut, sans erreur sensible, admettre que la densité obtenue est celle de l'urine à 15 degrés.

Il est facile d'ailleurs d'avoir la température 15 degrés en plongeant le liquide dans un bain d'eau maintenu à 15 degrés.

Poids total des cendres ou résidu minéral. — On calcine le résidu précédent à la lampe à alcool en ayant soin d'éviter la volatilisation des chlorures et la fusion des cendres (chauffer au rouge sombre). Lorsque le résidu est amené à l'état de charbon, on ajoute un peu de nitrate d'ammoniaque : il se forme du protoxyde d'azote qui brûle le charbon. On pèse ensuite. Il faut remarquer que des sels organiques alcalins comme lactates, hippurates et urates, sous l'influence de la calcination, passent à l'état de carbonates alcalins. Par suite, le poids des cendres est augmenté du poids de l'acide carbonique provenant de la calcination des sels précédents. On peut en tenir compte en déterminant le poids d'acide carbonique total existant dans le résidu avant et après la calcination.

Cette détermination se fait rapidement au moyen du calcimètre Trubert. On opère comme pour les cendres ou les soudes (page 47.) La différence de poids d'acide carbonique donne l'augmentation du résidu.

Le poids total des cendres est de 8 à 10 grammes par litre d'urine normale.

Poids des matières organiques. — C'est la différence entre le poids du résidu fixe et le poids des cendres ; il est de 26 à 30 grammes par litre.

Poids de l'eau. — On l'obtient en faisant la différence entre le poids total d'un litre d'urine et le poids des matières dissoutes.

Chlorures. — L'urine de 24 heures renferme normalement 6 à 8 grammes de chlore correspondant à 10 ou 12 grammes de chlorure de sodium ; cette quantité varie avec l'alimentation ; il y a diminution notable dans les affections fébriles et surtout dans la pneumonie. D'après M. Méhu, l'absence de chlorure de sodium est l'indice d'une mort prochaine.

On caractérise les chlorures de l'urine en versant quelques gouttes d'azotate d'argent dans un peu d'urine renfermée dans un tube à essai ; il se forme un précipité blanc, caillebotté, de chlorure d'argent soluble dans l'ammoniaque. On dose le chlore par les moyens habituels (par pesée du chlorure d'argent fondu ou par le procédé volumétrique). On peut opérer sur les cendres ou directement sur l'urine.

Dosage des phosphates. 1° *Dans l'urine.* — On peut se proposer de doser : 1° l'acide phosphorique total ; 2° l'acide phosphorique combiné à la potasse et à la soude, et l'acide phosphorique combiné à la chaux et à la magnésie.

1° *Acide phosphorique total.* — On prépare d'abord l'une des mixtures suivantes :

1re mixture. — On fait dissoudre 20 grammes de sulfate de magnésie cristallisé et 20 grammes de chlorhydrate d'ammoniaque pur dans 80 grammes d'eau et 80 grammes d'ammoniaque. On laisse reposer pendant plusieurs jours et on filtre ; la liqueur filtrée est conservée dans un flacon bouché à l'émeri : 10 centim. cubes de cette solution précipitent 0 gr. 24 d'acide phosphorique.

2e mixture. — On fait dissoudre 22 grammes de chlorure de magnésium cristallisé et 28 grammes de chlorhydrate d'ammoniaque pur dans 260 grammes d'eau distillée et 140 grammes d'ammoniaque. On laisse reposer pendant plusieurs jours et on filtre. La liqueur filtrée est conservée dans un flacon bouché à l'émeri : 10 centim. cubes de cette solution pécipitent 0 gramme 1 d'acide phosphorique.

Opération. — On ajoute un peu d'acide acétique à l'urine afin de dissoudre le dépôt de phosphates de chaux et de magnésie ; puis on filtre et on verse 50 à 100 centimètres cubes d'urine filtrée dans un verre : on ajoute un peu d'ammoniaque pour obtenir une réaction alcaline, puis un peu de chlorhydrate d'ammoniaque, et enfin 10 à 20 centimètres cubes de la première mixture ou 20 à 40 c. c. de la seconde (1). Après quelques minutes, lorsque la plus grande

_____
(1) Il faut verser une quantité suffisante de mixture, mais pas en trop grand excès.

partie du précipité de phosphate ammoniaco-magnésien s'est déposée, on ajoute peu à peu au liquide de l'ammoniaque, environ un quart du volume total. On agite vivement avec l'agitateur en verre en ayant soin que celui-ci ne touche pas les parois du vase (aux points de contact, il se formerait un dépôt très adhérent). On recouvre le vase avec une lame de verre et on laisse reposer pendant 12 heures à la température ordinaire, ou pendant 2 heures seulement à la température de 40 degrés. On filtre sur un petit filtre, en s'assurant que tout l'acide phosphorique est bien précipité (à cet effet, verser de l'ammoniaque et de la mixture dans le liquide filtré) ; on fait tomber sur le filtre, avec une barbe de plume, le précipité qui peut s'être formé sur la paroi du verre. On lave le précipité du filtre avec 15 à 20 centimètres cubes d'eau contenant un tiers de son volume d'ammoniaque, puis avec un volume égal d'alcool ; finalement, une goutte du liquide filtré ne doit pas laisser de résidu par évaporation dans la petite capsule.

On introduit ensuite le filtre et son contenu dans le flacon A de l'appareil (fig. 1). On décompose le phosphate ammoniaco-magnésien par l'hyprobromite de soude en suivant la méthode indiquée page 34. On évalue le dégagement gazeux et par suite le poids d'azote et d'acide phosphorique.

Cas d'une urine albumineuse. — L'urine étant additionnée de quelques gouttes d'acide acétique, on la chauffe et on la filtre pour séparer l'albumine. On dose l'acide phosphorique dans le liquide filtré en opérant comme précédemment.

2° *Dosage de l'acide phosphorique combiné à la soude et à la potasse et de l'acide phosphorique combiné à la chaux et à la magnésie.* — On prend 100 à 200 cent. cubes d'urine ; on y ajoute de l'ammoniaque pour séparer les phosphates de chaux et de magnésie ; au bout de 12 à 24 heures on filtre ; sur le filtre, se trouvent les phosphates de chaux et de magnésie ; on les dissout par l'acide acétique et, dans la solution, on dose l'acide phosphorique en opérant comme pour le dosage de l'acide phosphorique total. La différence entre les poids d'acide phosphorique total et d'acide phosphorique provenant des phosphates de chaux et de magnésie donne l'acide phosphorique combiné à la soude et à la potasse. On a une vérification en dosant l'acide phosphorique des phosphates de soude et de potasse qui ont passé sous le filtre.

Résultats généraux. — Il y a 2 gr. 5 d'acide phosphorique total par litre d'urine normale de l'homme et 2 grammes par litre d'urine de femme. La proportion des phosphates de potasse et de soude est de 78 °/₀ environ du poids total. Le rapport entre le poids de l'acide phosphorique et celui de l'urée est à peu près constant et égal à 1/8 d'après Yvon. Lorsque la quantité de phosphates éliminés par l'urine augmente, il y a *diabète phosphatique* appelé aussi *phosphaturie*. La phosphaturie indique toujours un trouble profond de la nutrition.

2° *Dans les calculs et sédiments.* — On pulvérise le dépôt et on le dissout dans l'acide chlorhydrique. On filtre ; on opère le dosage de l'acide phosphorique dans la liqueur filtrée, comme dans l'urine.

Dosage de l'acide carbonique de l'urine. — L'acide carbonique existe dans l'urine à l'état libre ou combiné. En devenant alcaline, l'urine devient trouble et laisse déposer des carbonates de chaux et de magnésie, le plus souvent associés aux phosphates de chaux et de magnésie. L'urine peut renfermer également en dissolution des carbonates alcalins (voir réaction de l'urine). Les dépôts renferment les carbonates de chaux et de magnésie font effervescence au contact d'un acide étendu.

Dosage de l'acide carbonique total. — On fait d'abord une solution saturée de chlorure de baryum ou d'azotate de baryte dans l'eau et on y ajoute un volume double d'eau de baryte. On prend un volume suffisant

d'urine (100 à 300 cent. cubes) que l'on verse dans le flacon A du calcimètre et on y ajoute de la solution barytique précédente tant qu'il se forme un
précipité. On agite ; on ferme le flacon pour éviter l'accès de l'acide carbonique de l'air et on laisse reposer pendant 24 heures dans un endroit frais. Il
se forme un précipité de carbonate de baryte. On filtre, on lave le précipité
sur le filtre et on introduit le filtre et son contenu dans le flacon A du calcimètre Trubert (fig. 1). On décompose le carbonate de baryte comme il est dit
page 15. On évalue le dégagement gazeux et on calcule le poids d'acide carbonique. On a alors le poids de l'acide carbonique total de l'urine.

Acide carbonique des carbonates. — On ajoute à l'urine de l'ammoniaque
en quantité suffisante pour obtenir une réaction alcaline ; on évapore au
bain-marie en ajoutant de l'eau ammoniacale à plusieurs reprises. Le résidu
est introduit dans le flacon A du calcimètre et décomposé comme le calcaire
(voir page 7). On évalue le dégagement gazeux et par suite le poids d'acide
carbonique. C'est le poids d'acide carbonique des carbonates. La différence
entre le poids d'acide carbonique total et le poids d'acide carbonique des
carbonates donne le poids de l'acide carbonique libre et à l'état de
bicarbonates.

On peut doser, dans le résidu, les poids des carbonates de chaux et de
magnésie, ainsi que ceux des carbonates de potasse et de soude en opérant
comme pour les cendres (voir page 43).

Dosage de l'urée. — *Principe du procédé.* — L'urée est décomposée par
les hypobromites alcalins en azote et acide carbonique. L'acide carbonique est
retenu par le milieu alcalin et l'azote seul se dégage. Du volume d'azote
dégagé, on déduit la quantité d'urée.

Manière d'opérer. — On prépare les solutions suivantes :

1° Une *solution titrée d'urée* renfermant 2 grammes d'urée pure par litre
d'eau pure : 5 centimètres cubes de cette solution renferment donc
1 centigramme d'urée. (L'urée doit être desséchée sur l'acide sulfurique
jusqu'à ce que son poids ne varie plus).

2° Une *solution d'hypobromite de soude* comme il est indiqué page 33.

On effectue ensuite les opérations suivantes :

1° On verse 50 cent. cubes de la solution titrée d'urée dans le flacon A de
l'appareil Trubert (fig. 1) ; on dépose ensuite sur le fond de ce flacon, à l'aide
de la pince, une jauge renfermant 20 centimètres cubes d'hypobromite de
soude. On ferme le flacon avec un bouchon de caoutchouc muni du tube
à dégagement ; l'équilibre étant établi, on met l'éprouvette graduée pleine
d'eau sur le crochet du tube. On incline ensuite le flacon afin de renverser
l'hypobromite goutte à goutte, (prendre les précautions indiquées page 33). Le
dégagement gazeux commence aussitôt ; on agite le flacon jusqu'à ce que le
dégagement cesse. On évalue le volume en suivant les précautions indiquées.
Soit 36 cent. cubes le volume obtenu ; ce volume correspond à 0 gr. 1 d'urée.

2° On fait, immédiatement après, la même opération sur de l'urine
convenablement étendue. Pour cela, 10 centimètres cubes d'urine sont
additionnés de 90 centimètres cubes d'eau, et 50 centimètres cubes de
ce mélange sont décomposés par de l'hypobromite ; soit 38 centimètres
cubes le volume d'azote produit ; ce volume correspond à 5 centimètres cubes
d'urine ; donc la quantité d'urée renfermée dans ces 5 cent. cubes d'urine

sera : $\dfrac{0 \text{ gr. } 1 \times 38}{36} = 0$ gr. 1055.

Par suite, 1 litre de l'urine essayée, ou 1000 cent. cubes, renferment
0 gr. 1055 $\times$ 200 = 21 gr. 10 d'urée.

Nota. — Dans les deux opérations précédentes, il doit y avoir un excès
d'hypobromite de soude dans le flacon A après le dégagement. Le liquide

doit rester un peu jaune ; s'il est incolore c'est qu'il n'y avait pas assez d'hypobromite ; il suffit de diminuer la dose d'urée ou d'urine ou d'employer un plus grand volume d'hypobromite. D'ailleurs, s'il y a excès d'hypobromite, il se produit une nouvelle effervescence quand on ajoute un peu d'urine dans le liquide final.

Cas où l'on n'a pas de solution titrée d'urée. — On évalue le volume d'azote produit par 5 cent. cubes d'urine diluée comme dans l'essai précédent ; on note la température de l'eau de la cuve et la hauteur du baromètre, au moment de l'expérience, et on fait subir au volume gazeux les corrections de pression et de température en faisant usage du tableau final. Théoriquement 1 centigramme d'urée doit donner un dégagement de 3 cent. cubes 7 d'azote à zéro degré et sous la pression 760 ; mais l'hypobromite de soude ne dégage que les 92 centièmes de l'azote de l'urée (Yvon) ; par suite, 1 centigramme d'urée dégage en réalité 3 cent. cubes 4 d'azote et 1 centim. cube d'azote provient de 2 milligr. 94 d'urée. Ayant déterminé le volume d'azote sec, à zéro degré et sous la pression 760, produit par un volume déterminé d'urine, il suffit de diviser ce volume par 2,94 pour avoir le poids d'urée dans la prise d'essai ; on passe au litre

EXEMPLE : 5 centimètres cubes d'urine diluée ont donné 38 cent. cubes d'azote à la température de 11 degrés et sous la pression 756. Dans la table finale, on trouve au point d'intersection de la ligne horizontale 756 et de la ligne verticale 11, le nombre 94,50, c'est-à-dire que 100 cent. cubes de gaz, lus à la pression 756 et à la température 11 degrés, représentent 94 cent. 5 de gaz sec à zéro degré et sous la pression 760. Par suite, 38 cent. cubes correspondent à : $38 \times 0,945 = 35$ cent. cubes 91 d'azote sec à zéro degré, sous la pression 760. Or 1 centimètre cube d'azote sec provenant de 2 milligrammes 94 d'urée, il en résulte que 5 centimètres cubes d'urine renferment : $2,94 \times 35,91 = 105$ milligr. 57 d'urée. Donc un litre d'urine renferme 21 gr. 11 d'urée.

Comme vérification, on peut opérer sur des quantités différentes d'urine, en ayant soin d'employer un volume suffisant d'hypobromite. L'appareil Trubert a l'avantage de permettre les dosages sur un volume d'urine relativement considérable et d'obtenir une grande exactitude.

Dosage de l'urée en présence du sucre. — Nous avons vu plus haut que l'hypobromite ne dégage que les 92 centièmes de l'azote de l'urée. M. le docteur Méhu a trouvé qu'on pouvait obtenir tout l'azote de l'urée en ajoutant à l'urine une certaine quantité de sucre réducteur (glucose, sucre interverti) ou même de sucre ordinaire. Pour obtenir tout l'azote de l'urée, il suffit d'ajouter à l'urine, avant le dosage, une solution à 30 pour cent de glucose ou de sucre (ajouter 2 centimètres cubes de cette solution sucrée par centimètre cube d'urine non diluée, puis diluer l'urine comme il est dit plus haut. Dans ces conditions, 1 décigramme d'urée donne le chiffre théorique de 37 cc 3 d'azote sec, c'est-à-dire que 1 cent. cube d'azote sec, ramené à zéro degré et sous la pression 760, représente 2 milligr. 68 d'urée.

Remarque. — L'hypobromite de soude agit aussi sur un grand nombre de corps qui peuvent exister dans l'urine : acide urique, urates, créatine, créatinine, guanine, sels ammoniacaux, sucre, albumine, etc.

En général, ces substances sont peu abondantes et elles ne sont attaquées qu'avec lenteur (exception faite des sels ammoniacaux).

Nous indiquons plus loin comment on dose l'azote des sels ammoniacaux. Voici comment on peut *éliminer les urates* : On prend 20 cent. cubes d'urine ; on y ajoute 2 cent. cubes de sous-acétate de plomb et de l'eau en quantité suffisante pour avoir un volume de 100 cent. cubes. Les urates donnent de l'urate de plomb qui se précipite. On filtre ; dans la liqueur filtrée, l'excès de sous-acétate de plomb ne s'oppose pas à la décomposition de l'urée par l'hypobromite ; il se forme de l'oxyde de plomb qui se redissout dans la soude libre. On opère sur la liqueur filtrée comme précédemment. Il est facile d'ailleurs d'enlever l'excès de sous-acétate de plomb par le carbonate de soude.

Enfin, dans la *pratique courante et dans les essais cliniques*, on opère directement le dosage de l'urée sur l'urine sans s'occuper des corrections. On sait que, dans les conditions ordinaires, 4 cent. cubes d'azote saturé de vapeur d'eau, représentent sensiblement 4 centigrammes d'urée par cent. cube, soit 10 grammes d'urée par litre. On applique alors la règle suivante : Il suffit de diviser par 0.4 le nombre de cent. cubes d'azote obtenu dans la décomposition de 1 cent. cube d'urine ; le quotient représente, en grammes, la quantité d'urée par litre.

Cas particuliers : *1° Dosage de l'urée dans les urines sucrées.* — Dans les urines sucrées, l'urée dégage tout son azote ; le dosage se fait comme dans les urines normales. Si l'on compare le dégagement d'azote à celui qui est donné par une solution titrée d'urée, il suffira d'ajouter à cette solution d'urée une solution à 30 % de sucre, (2 cent. cubes de la solution sucrée pour 1 centigramme d'urée).

2° Dosage de l'urée dans les urines albumineuses. — On opère comme dans les urines normales ; l'albumine n'empêche pas la décomposition de l'urée par l'hypobromite, mais il se produit une mousse épaisse qui ne s'oppose nullement, dans l'appareil Trubert, à la lecture du volume gazeux. L'albumine peut d'ailleurs être séparée par coagulation et filtration.

3° Cas de l'urine putréfiée. — L'urée se transforme en carbonate d'ammoniaque par fermentation ammoniacale ; si la transformation n'est pas complète, on peut doser séparément l'urée et l'azote ammoniacal en opérant comme il est indiqué page 34.

4° Cas d'une urine chargée de sang ou de pus. — On précipite 5 cent. cubes d'urine par 15 centimètres cubes d'alcool ; on étend d'eau distillée ; la solution obtenue renferme l'urée que l'on dose comme précédemment.

Résultats généraux. — L'urine normale de l'homme qui suit un régime mixte et prend un exercice modéré, renferme 16 à 22 grammes d'urée par litre ; celle de la femme en renferme 15 à 21 grammes : la quantité d'urée varie suivant le sexe, l'âge, le régime, l'exercice et l'heure de la journée. D'après M. Bouchard, la quantité d'urée éliminée en 24 heures par un adulte varie de 19 à 25 grammes ; si le poids d'urée est supérieur à 25 grammes, il y a *azoturie* ; s'il est inférieur à 19 grammes, il y a *anazoturie*. L'urée augmente dans les fièvres et la pneumonie.

Dosage de l'urée dans les liquides organiques (liquides séreux, liquides d'épanchement, etc.) — On prend un volume déterminé du liquide (quelques centimètres cubes) ; on précipite d'abord les matières albuminoïdes par une addition d'alcool à 90 degrés (1 volume de liquide pour 4 d'alcool) ; on filtre ; le liquide filtré est évaporé au bain-marie pour chasser l'alcool. On reprend par l'eau distillée ; on filtre de nouveau pour séparer les matières grasses ; le liquide filtré sert alors au dosage de l'urée ; on opère comme pour l'urine. Ne pas oublier que l'hypobromite de soude doit être en excès.

Usages de l'urée. — *Falsifications.* — L'urée est employée en médecine comme diurétique.

On la falsifie en y ajoutant du nitrate de potasse. On s'assure de la pureté de l'urée en employant les procédés suivants :

1° Sous l'influence de la chaleur, l'urée disparaît sans laisser de résidu, lorsqu'elle ne renferme pas de nitrate ;

2° En la décomposant par l'hypobromite, l'urée pure ne laisse pas de résidu ;

3° La substance suspecte étant traitée par l'alcool froid, l'urée seule se dissout et le nitrate de potasse reste insoluble ;

4° Au contact de l'acide sulfurique concentré, en présence d'un cristal de sulfate de protoxyde de fer, l'urée falsifiée avec du nitrate de potasse prend une coloration rose ou violacée.

Acide urique. — *Recherche.* – *Dosage.* — L'acide urique existe dans l'urine de tous les animaux, surtout à l'état d'urate alcalin, dans les dépôts urinaires et dans les calculs : les dépôts d'acide urique sont souvent appelés *sable ou gravelle urique.*

L'acide urique pur est incolore, mais, dans l'urine, il est toujours coloré en jaune ; la couleur varie du jaune très pâle au rouge vif. Sa recherche est donc facile même à l'œil nu. Ses formes sont très variées et très nettes : Dans les *urines normales*, l'acide urique se dépose spontanément sous forme de prismes rectangulaires et de losanges à arêtes arrondies ; il y a aussi les formes fer de lance, ogive, étoilées ou en rosace (réunion de cristaux). Dans les *urines chargées de pigments biliaires,* l'acide urique est très coloré et se présente en mamelon, dent, poignard, aiguille. Dans les urines légèrement sanguinolentes et purulentes, M. Méhu a trouvé les formes clou et épine ; il les a signalées comme indiquant la présence de calcul ou de gravier urique dans les reins.

L'*urate de soude* est le plus fréquent ; il forme le dépôt rosé ou rougeâtre des urines refroidies ; il est associé à l'*urate de potasse.* Ces deux urates se redissolvent dans l'urine par élévation de température.

L'*urate d'ammoniaque* se rencontre surtout dans les urines ammoniacales sous forme de petites sphères, de boules hérissées de pointes quelquefois réunies. On le distingue de l'acide urique en le chauffant dans un tube à essai avec un peu de solution de soude ; il se dégage de l'ammoniaque lorsqu'il y a de l'urate d'ammoniaque.

Manière de caractériser l'acide urique. 1° *Dans les dépôts :* On recueille une parcelle du dépôt, on la place sur le bord de la capsule de porcelaine et on l'humecte avec une goutte d'acide azotique pour l'oxyder. On évapore à sec en chauffant modérément (vers 240 degrés) ; le résidu est rougeâtre ; on l'expose aux vapeurs ammoniacales d'un flacon à ammoniaque ou bien on l'humecte avec une goutte d'ammoniaque étendue d'eau (10 grammes d'ammoniaque pour 90 grammes d'eau) ; on obtient alors une coloration rouge pourpre due à la formation de la *murexide ;* cette coloration devient bleu pourpre par addition de potasse caustique.

Cette coloration par l'ammoniaque ne se produit pas si l'on n'a pas assez chauffé ou si l'on a dépassé la température de 250 degrés ; il suffit alors d'oxyder l'acide urique par quelques gouttes d'eau bromée ; on évapore au bain-marie et on expose le résidu aux vapeurs ammoniacales ; on obtient la coloration rouge pourpre de la murexide.

2° *Dans l'urine :* On prend 200 à 300 centimètres cubes d'urine ; on sépare d'abord l'albumine s'il y en a (chauffer et filtrer) ; on évapore ; le résidu obtenu est traité par l'alcool, puis par l'acide chlorhydrique ; l'acide urique reste seul et il est caractérisé comme dans les dépôts, (voir le procédé Haller, page 119).

Dosage de l'acide urique. 1er *cas : L'urine ne renferme pas d'albumine ;* on ajoute à l'urine quelques gouttes d'acide acétique ; on filtre ; on mesure 200 centimètres cubes de la liqueur filtrée ; on les verse dans un verre et on y ajoute 3 à 4 pour cent d'acide chlorhydrique. On agite et on laisse reposer le tout pendant 24 à 36 heures dans un endroit frais et calme. Les cristaux d'acide urique se déposent. Pour les peser, on les reçoit sur un petit filtre sans pli taré d'avance (desséché à 100 degrés) ; on fait passer le dépôt à l'aide d'une plume ou d'une tige de verre munie d'une bague de caoutchouc. On lave le précipité avec de l'eau distillée froide, jusqu'à ce que l'eau de lavage ne soit plus acide ; on lave ensuite avec 30 centimètres cubes d'alcool à 90 degrés pour enlever l'acide hippurique et les matières colorantes. Enfin on dessèche le filtre à 100 degrés pendant 30 minutes environ et on le pèse : l'augmentation de poids donne le poids d'acide urique; on y ajoute 0 gr. 0045 par 100 centim. cubes du liquide total qui a passé sous le filtre (urine, eau de lavage, alcool). On passe au litre.

Cas particulier. — Si l'urine est très pauvre en acide urique, on la concentre avant d'ajouter l'acide chlorhydrique.

2e Cas. Cas d'une urine albumineuse. — L'acide chlorhydrique ayant la propriété de précipiter l'albumine en même temps que l'acide urique, on le remplace par 5 à 6 °/₀ d'acide acétique cristallisable ou d'acide orthophospho-rique qui ne précipitent pas l'albumine, tout en précipitant l'acide urique. On peut aussi séparer l'albumine par la coagulation par la chaleur, puis filtration. On opère sur le liquide filtré comme dans le 1er cas.

Acide urique total. — S'il y a dépôt, on chauffe l'urine de manière à redissoudre le dépôt, en ajoutant quelques gouttes de solution de soude caustique. On mélange, on filtre et on opère comme dans le premier cas.

Résultats généraux. — Dans l'urine normale il y a 30 à 40 centigrammes d'acide urique par litre, soit le centième des corps solides dissous dans l'urine; cette quantité s'abaisse avec un régime végétal et augmente avec un régime très azoté : une augmentation passagère s'observe après un grand exercice et un excès de travail ; si l'augmentation persiste il peut y avoir gravelle urique. L'acide urique augmente dans les fièvres et la pneumonie.

Albumine. — *Recherche.* — *Dosage.* — A l'état normal, l'urine ne renferme pas d'albumine, mais, dans certaines maladies, on peut y trouver une petite quantité d'albumine identique à celle du sérum.

1. *Recherche de l'albumine dans une urine* : On se base sur l'action de la chaleur et des corps qui précipitent l'albumine ; il est nécessaire d'opérer sur une urine parfaitement limpide (filtrer s'il y a un louche) et de faire plusieurs réactions pour caractériser la présence de l'albumine. Les meilleures réactions sont les suivantes :

1° *Coagulation par la chaleur.* — Lorsque l'on chauffe les urines très faiblement acides ou neutres, il se forme un trouble qui est dû à la précipitation des phosphates et carbonates terreux qui se sont déposés par suite du départ de l'acide carbonique. L'addition d'une ou deux gouttes d'acide acétique, ou mieux d'acide trichloracétique, fait disparaître immédiatement ce précipité. On évite cette précipitation en rendant la liqueur acide, par l'addition de quelques gouttes d'acide acétique ou d'acide trichloracétique. Voici comment il convient de rechercher l'albumine :

1re manière : L'urine, ayant été acidulée par quelques gouttes d'acide acétique ou d'acide trichloracétique, est filtrée; la liqueur filtrée est ensuite versée dans un tube à essai (remplir le tube aux trois quarts). On chauffe à la lampe la partie supérieure de l'urine ; on compare la partie chauffée avec l'urine inférieure, en regardant sur un fond noir (papier noir) ; il se produit un louche s'il y a de l'albumine.

2e manière : On sature l'urine de sulfate de soude et on l'acidifie par l'acide acétique ; on filtre et on chauffe l'urine comme plus haut ; s'il y a une trace d'albumine, la liqueur se trouble.

2° *Coagulation par l'acide azotique.* — *Réaction de Heller.* — Lorsqu'on ajoute de l'acide azotique dans l'urine limpide, le précipité qui peut se produire n'est pas toujours dû à la présence de l'albumine, attendu que l'acide azotique donne une opalescence dans une urine non albumineuse, mais chargée d'urée et surtout d'urates. L'urée forme alors des cristaux d'azotate d'urée qu'on ne peut confondre avec les flocons d'albumine. En effet, les cristaux d'azotate d'urée sont très visibles à l'œil nu ; on les voit groupés et gagner le fond du verre au bout de quelque temps ; le fait est fréquent lorsque la nourriture est très azotée. La formation de ces cristaux est toujours accompagnée du dégagement de quelques bulles gazeuses; ces bulles proviennent de la décomposition de l'urée par l'acide nitreux qui prend naissance par l'action de l'acide azotique sur les chlorures de l'urine. Voici comment Heller à conseillé d'opérer pour caractériser la différenciation : On verse dans un verre 2 à 3 cent. cubes d'acide azotique et à l'aide d'un tube effilé on fait arriver l'urine goutte à goutte le long des parois du verre. Les deux liquides restent superposés et, à la surface de séparation, l'albumine se coagule d'abord en donnant une zone nettement limitée ; cette zone se forme immédiatement dans le cas où la quantité d'albumine est notable (0 gr. 50 à 1 gramme par litre) ; peu de temps après, apparaît au-dessus de cette couche albumineuse une opalescence trouble, prolongée dans la masse du liquide par des stries nuageuses verticales ; cette opalescence est due à l'acide urique, (placer au besoin un papier noir derrière le verre). On peut d'ailleurs s'assurer que cet anneau est dû à l'acide urique en amenant la température du verre à la température de 40 à 50 degrés par un bain-marie ; l'anneau disparaît s'il est dû à l'acide urique.

On peut également observer une couche colorée, si l'urine renferme de l'*urobiline* ou des *pigments biliaires* (voir plus loin).

II. *Dosage de l'albumine dans l'urine.* — On a proposé beaucoup de procédés approximatifs ; le seul procédé exact est la pesée de l'albumine coagulée et sèche. Parmi les procédés approximatifs, nous citerons le procédé *basé sur la rapidité avec laquelle apparaît l'anneau d'albumine lorsqu'on fait agir l'acide azotique* (voir plus haut, coagulation par l'acide azotique).

Voici les chiffres donnés dans le journal de *Pharmacie et de Chimie* de 1880 :

Quantité d'albumine par litre.	L'anneau apparaît au bout de :	L'anneau est encore visible en s'éloignant à 60 centimètres au bout de :
0 gr 20	immédiatement	1/2 minute
0 , 10	1/2 minute	1 minute
0 , 08	1/2 minute	1 minute 1/2
0 , 06	1 minute	2 minutes
0 , 05	1 minute	2 minutes 1/2
0 , 04	2 minutes	3 minutes 1/2
0 , 03	2 minutes 1/2	4 minutes
0 , 02	3 minutes	8 minutes
0 , 01	7 minutes	15 minutes

On peut diluer l'urine pour des poids plus grands d'albumine.

Dosage exact de l'albumine par pesée. — On acidule légèrement l'urine par quelque gouttes d'acide acétique et on la filtre ; on prend 10 à 100 cent. cubes de l'urine filtrée, selon la quantité d'albumine indiquée approximativement par l'essai qualitatif (on peut être guidé par le procédé basé sur la rapidité de la formation de l'anneau). On s'arrange de façon à avoir 0 gr. 20 à 0 gr. 30 d'albumine sèche pour être dans les meilleures conditions de lavage et de dessication.

La prise d'urine est placée dans une capsule de porcelaine et chauffée à l'ébullition pendant une demi-minute ; pendant le chauffage on agite constamment avec un agitateur de verre afin d'éviter l'adhérence du précipité à la paroi de la capsule ; on jette le tout sur un filtre desséché à 100 degrés, taré d'avance, puis mouillé ; avec un peu d'eau distillée bouillante on lave la capsule et ou jette sur le filtre ; enfin on lave le précipité du filtre avec de l'eau bouillante en faisant le tour du filtre ; le lavage s'effectue jusqu'à ce que le précipité soit entièrement blanc ; si ce résultat n'est pas atteint. on lave à l'alcool chaud (cas d'une urine sanguinolente). Le filtre est ensuite desséché à 100 degrés environ pendant une demi-heure, jusqu'à poids constant, et pesé. On passe au litre.

Lorsque l'on n'a pas de balance de précision, on peut transformer l'albumine en sulfate d'ammoniaque comme il est indiqué page 37 (voir dosage de l'azote organique). Il n'est pas nécessaire de dessécher le précipité blanc d'albumine recueilli sur le filtre. On dose l'azote du sulfate obtenu. Le poids d'azote sert à calculer celui de l'albumine ; en effet, l'albumine renfermant 15,5 % d'azote, il suffit de multiplier le poids d'azote par le nombre $\frac{100}{15,5} = 6,4516$ pour avoir les poids de l'albumine renfermée dans la prise d'essai.

Résultats généraux. — La présence de l'albumine dans l'urine indique presque toujours un état anormal ; le médecin doit alors préciser la provenance de cette albumine ; souvent l'urine albumineuse renferme du sucre (voir page 122) et de la *mucine* (muco-pus). On reconnaît la présence de la mucine en filtrant l'urine et en l'acidifiant par l'acide acétique ; s'il y a de la mucine, on obtient un louche plus ou moins abondant ; ce louche est insoluble dans l'acide acétique, mais il disparaît par l'addition d'acide chlorhydrique en excès.

Présence des éléments de la bile dans l'urine. (Pigments biliaires). — A l'état normal, l'urine ne renferme pas de bile. Lorsque les éléments de la bile passent dans l'urine, celle-ci prend une coloration brune, jaune intense, jaune, jaune verdâtre ou verte ; si la réaction de l'urine est acide, la coloration est verdâtre ; si elle est alcaline, la coloration est brune ou jaune. Une urine renfermant les éléments biliaires est appelée *urine ictérique.* La présence de la bile peut-être due : 1° à des troubles de la secrétion biliaire ; les éléments biliaires proviennent alors directement du foie : l'ictère est dit *hépatogène* ; 2° à la transformation de la matière colorante du sang : l'ictère est dit *hématogène.*

Recherche de la bile dans l'urine. — On caractérise la présence de la bile : 1° par la recherche des acides biliaires ; 2° par l'observation des matières colorantes de la bile.

1° *Recherche des acides biliaires.* — Ces acides sont l'acide cholique ou glycocollique et l'acide choléique ou taurocholique ; ils sont combinés avec la soude. Pour les caractériser, on mélange l'urine avec quelques gouttes d'une solution de sucre au cinquième ; on verse ensuite dans le mélange 3 ou 4 cent. cubes d'acide sulfurique concentré, en mince filet ; on agite avec une baguette de verre ; l'acide sulfurique, par son mélange avec l'urine. produit une élévation de température (environ 60 degrés) : s'il y a des acides biliaires, il se forme une coloration violette qui passe au pourpre ; cette coloration se produit à 60 degrés environ.

Nota. — L'albumine, entravant la réaction, doit être enlevée par coagulation et filtration; il faut donc s'assurer d'abord si l'urine est albumineuse.

2° *Recherche des matières colorantes de la bile ou pigments biliaires.* — La bile renferme plusieurs matières colorantes dont la plus importante est la *bilirubine*, de couleur jaune orangé, qui prédomine dans l'urine jaune et qui est abondante dans les calculs biliaires. Les autres pigments sont : la *biliverdine*, matière verte qui prédomine dans l'urine verte ; la *biliprasine*, qui dérive de la biliverdine, la *bilifuchsine*, de couleur brun rouge en solution alcaline, et la *bilihumine*, matière brune peu connue.

On peut caractériser la présence des pigments biliaires dans l'urine par les procédés suivants :

1° On verse dans un verre 3 à 4 cent. cubes d'acide azotique légèrement nitreux (obtenu en exposant au soleil de l'acide azotique pur dans un flacon à moitié rempli) ; puis, au moyen d'un tube effilé, on fait arrriver l'urine goutte à goutte le long de la paroi du verre ; s'il y a de la bile, on observe une coloration qui commence à la séparation des deux liquides : la coloration s'étend à l'urine dans l'ordre suivant, de haut en bas : vert, bleu, violet, rouge, jaune. Les colorations verte et violette sont caractéristiques des pigments biliaires ; au bout de quelque temps toutes ces nuances se confondent en une teinte orange (Gmelin).

Remarque. — S'il y a peu de pigments biliaires, on acidifie 50 cent. cubes d'urine avec quelques gouttes d'acide chlorhydrique au dixième ; puis on ajoute du chlorure de baryum en excès et 5 cent. cubes de chloroforme pur. On agite fortement pendant quelques minutes et on laisse reposer 10 minutes. On décante le chloroforme et on le réunit au dépôt débarrassé de l'urine ; on chauffe au bain-marie, à 80 degrés, pour évaporer le chloroforme ; on laisse refroidir, et, au moyen d'un tube effilé, on fait couler sur la paroi du verre de l'acide azotique nitreux. On observe comme plus haut les colorations caractéristiques des pigments biliaires (disques vert et violet).

2° *Procédé du Dr Paul.* — La solution aqueuse à 1/500 de violet de Paris (violet de méthylaniline) vire au rouge dans une urine renfermant de la bile.

Urobiline ou hydrobilirubine. — Cette matière colorante caractérise les urines dites *hémaphéiques* (Gubler) ; on la rencontre fréquemment ; elle se rapproche beaucoup de la bilirubine : on admet aujourd'hui qu'elle est un des produits de la destruction du sang. On l'observe dans les maladies du cœur, du foie, de l'encéphale, dans les maladies aiguës (rhumatismes, embarras gastriques, angine, pneumonie), etc.

Recherche de l'urobiline dans l'urine. — En versant l'urine sur 5 cent. cubes d'acide azotique en suivant les précautions indiquées pour la recherche des pigments biliaires, il se produit une couche dont la nuance peut varier de l'acajou au rouge hyacinthe, lorsqu'il y a de l'urobiline. C'est la zone hémaphéique de Gubler.

Indican ou indigogène. — L'indican existe dans l'urine normale en très faible quantité ; sa proportion augmente sensiblement dans l'urine des cholériques, dans l'urine des individus atteints du carcinome du foie, dans l'urine des typhiques et lorsqu'il y a obstruction de l'intestin grêle.

L'indican peut se dédoubler sous l'influence des acides et des ferments en donnant une matière bleue, appelée *uroglaucine* (Heller) ou *indigotine* (Schunck), qui a les propriétés de l'indigotine végétale, et une matière rouge appelée *urrhodine* ou *indirubine*. En même temps il se forme un sucre particulier non fermentescible appelé *indiglucine* qui réduit la liqueur de Fehling. C'est pourquoi on trouve des matières colorantes bleue et rouge dans les urines en putréfaction; la matière rouge est soluble dans l'eau, l'éther, l'alcool et l'urine, tandis que la matière bleue y est insoluble.

Recherche de l'indican. — 1° On met 3 cent. cubes d'urine dans un tube à essai et on verse à la surface, au moyen d'un tube effilé, 6 cent. cubes d'acide chlorhydrique concentré et froid ; au bout de 10 minutes, on a une coloration bleue; en même temps, si on agite l'urine, ainsi traitée, avec de l'éther, celui-ci se charge de la matière rouge qui s'est produite en même temps.

2° On peut remplacer l'acide chlorhydrique par l'acide azotique ; il faut éviter de décolorer la matière bleue en mettant trop d'acide azotique.

Sucre diabétique ou glucose. — *Recherche.* — *Dosage.* — Le glucose se trouve à l'état normal dans l'intestin grêle, dans le chyle, après l'absorption d'aliments féculents ou sucrés. Il existe aussi dans le sang et on ne le trouve qu'en traces dans les produits d'excrétion ; il apparaît en quantité variable dans l'urine des diabétiques.

Recherche du glucose ou sucre diabétique dans l'urine. — On peut employer les moyens suivants : I. *Par la potasse caustique ou la chaux.* — On verse dans un verre 20 centim. cubes d'urine et on y ajoute un peu de potasse caustique en solution ou en pastilles ; les phosphates de chaux et de magnésie sont précipités ; on décante 5 à 10 cent. cubes du liquide surnagean' dans un tube à essai et on chauffe la partie supérieure ; s'il y a du glucose, le liquide se colore en jaune brun, brun ou brun noir. Quelquefois, à l'ébul-lition, une urine exempte de sucre peut se colorer par la potasse ; il est alors préférable de chauffer l'urine en présence d'un peu de chaux (ajouter environ 1 gramme de chaux pour 10 centimètres cubes d'urine).

II. *Par la liqueur de Fehling.* — Une solution de sulfate de cuivre en présence de la potasse, chauffée en présence d'un peu de glucose, donne immédiatement un précipité de protoxyde de cuivre qui devient rouge sous l'influence de l'ébullition. Voici la composition de la liqueur cupro-potassique, ou liqueur de Fehling, qui est employée pour rechercher le glucose.

On dissout d'abord 40 grammes de sulfate de cuivre cristallisé dans 160 grammes d'eau ; on dissout ensuite 160 grammes de sel de Seignette, ou tar-trate double de potasse et de soude, dans 300 grammes d'eau ; enfin on dissout 130 grammes de soude ordinaire dans 600 grammes d'eau. On mélange la solution de soude ordinaire avec la solution de sel de Seignette, puis le mélange résultant à la solution de sulfate de cuivre et on étend d'eau distillée le volume total à 1154 centimètres cubes ; 10 centimètres cubes de la liqueur ainsi composée sont exactement réduits par 5 centigrammes de glucose. On conserve la liqueur dans des flacons à l'émeri, en verre jaune, dans un lieu frais et obscur.

Avant de rechercher le sucre dans l'urine, il faut essayer la liqueur de Fehling ; à cet effet, on porte à l'ébullition, dans un tube à essai, 2 à 4 centi-mètres cubes de liqueur de Fehling, additionnée de son volume d'une disso-lution de potasse caustique à 10 °/₀ (ce qui favorise la réaction) ; la liqueur bouillante doit rester bleue et limpide ; s'il n'y a aucun changement, c'est que la liqueur de Fehling n'est pas altérée.

Recherche du glucose. — La liqueur de Fehling ayant été ainsi portée à l'ébullition sans changement de teinte, on y fait arriver à l'aide du tube effilé du nécessaire, 3 ou 4 gouttes d'urine le long de la paroi du tube à essai, de façon que l'urine surnage la liqueur. S'il y a beaucoup de sucre, il se forme à la surface de séparation une couche verdâtre qui passe rapidement au jaune et au rouge; puis la zone de décomposition s'étend et gagne le fond du tube. S'il n'y a pas de réduction, on porte à l'ébullition et on ajoute de nouveau de l'urine; on fait bouillir, et ainsi de suite jusqu'à ce qu'on ait ajouté un volume d'urine à peu près égal à celui de la liqueur de Fehling.

On peut aussi mélanger l'urine avec la liqueur de Fehling et laisser en contact pendant 24 heures sans chauffer ; la réduction par le glucose s'opère insensiblement et l'on obtient un précipité rouge plus ou moins abondant au fond du tube.

Causes d'erreur : 1° Une urine renfermant un excès de *matières azotées* comme l'urée et l'albumine, de *phosphates* et de *matières colorantes*, ne donne pas de réaction nette avec la liqueur de Fehling. Il est utile alors de déféquer l'urine en y ajoutant un dixième de son volume de sous-acétate de plomb (prendre 20 cent. cubes d'urine et 2 cent. cubes de sous-acétate de plomb, agiter énergiquement et abandonner le liquide à lui-même pendant une heure environ) ; on précipite ainsi les substances qui nuisent à la réduction de la liqueur de Fehling. Le liquide est filtré et agité avec un excès de carbonate de soude pur et sec ou mieux de sulfate de soude pour enlever l'excès de sous-acétate de plomb. On filtre de nouveau et l'on traite la liqueur filtrée par la liqueur de Fehling comme plus haut.

2° *Les sels ammoniacaux* enlèvent de la netteté à la réduction ; il se dégage de l'ammoniaque à cause de la présence de la soude qui se trouve dans la liqueur de Fehling. Donc, si l'on a une urine ammoniacale, il faut d'abord la faire bouillir avec un peu de soude caustique jusqu'à ce qu'il n'y ait plus d'ammoniaque, ce que l'on vérifie en plaçant un papier rouge de tournesol à l'ouverture du tube à essai. Si l'on a préalablement mouillé ce papier, la moindre trace d'ammoniaque le colore en bleu.

3° *L'action de certains médicaments* (rhubarbe, santonine, salicylates, etc.). — Il est alors nécessaire de déféquer l'urine comme plus haut.

Enfin, quand on absorbe du chloroforme ou de l'hydrate de chloral, l'urine réduit la liqueur de Fehling ; mais il est facile de se renseigner auprès de la personne dont l'urine est soumise à l'analyse.

III. *Recherche et dosage du sucre diabétique par fermentation.* — La levûre de bière renferme le ferment alcoolique qui, en se développant dans une urine sucrée, décompose le sucre en alcool et en acide carbonique. Il se forme alors une mousse abondante et un dégagement gazeux qui peut faire sauter le bouchon du flacon renfermant l'urine sucrée.

Voici comment on peut rechercher et doser le sucre dans une urine : On verse dans le flacon A de l'appareil Trubert (fig. 1) 20 à 100 cent. cubes d'urine débarrassée de son acide carbonique par ébullition, puis filtrée et refroidie ; on ajoute à l'urine ainsi préparée une trace d'acide tartrique et un peu de levûre de bière bien lavée (moins d'un gramme). On dispose le tube à dégagement et la cloche graduée pleine d'eau telle que l'indique la fig. 1, page 6.

L'appareil est ensuite placé dans un endroit modérément chaud ayant une température de 22 à 25 degrés, température à laquelle la fermentation se produit le plus régulièrement ; on agite le flacon de temps en temps. Le dégagement d'acide carbonique exige au moins 1 ou 2 jours. Il peut alors se présenter 2 cas : 1° La proportion de glucose est assez faible et l'acide carbonique est entièrement absorbé par l'urine. Le dégagement d'acide carbonique n'ayant pas lieu, on pourrait conclure à l'absence de glucose ; pour s'en rendre compte on dose l'acide carbonique en opérant sur le liquide fermenté comme pour le dosage de l'acide carbonique total (voir page 113). On compare la quantité d'acide carbonique obtenue à celle qui serait donnée par un volume égal d'urine identique, mais non fermentée ; on peut vérifier si, dans les mêmes conditions de température, une même quantité de levûre donne une petite quantité d'acide carbonique dans un même volume de solution non sucrée. On en tient compte et on la déduit de la quantité précédente. Enfin, on peut aussi opérer la fermentation en présence d'un peu de glucose pur ajouté à l'urine (*voir dosage : nota*). 2º La proportion de glucose est assez forte pour que l'acide carbonique ne soit pas entièrement absorbé par l'urine ; il se produit alors un dégagement gazeux dans l'éprouvette graduée.

Comme contre-épreuve, on peut rechercher l'alcool qui reste en solution dans le flacon, après la fermentation. A cet effet, on décolore le liquide par le noir animal (faire un mélange intime d'urine et de noir en agitant avec un agitateur de verre). On filtre, et au liquide filtré on ajoute un égal volume du réactif de Leconte formé du mélange suivant: acide sulfurique concentré, 100 grammes ; bicarbonate de potasse, 25 centigrammes. Si le liquide renferme de l'alcool, il prend une couleur vert-émeraude (il est essentiel qu'il n'y ait plus de glucose, car celui-ci donne, avec le réactif de Leconte, la même couleur que l'alcool).

Dosage du glucose. — On peut évaluer le volume d'acide carbonique produit par fermentation. A cet effet, on fait fermenter 20 à 30 centimètres cubes d'urine bouillie, filtrée et convenablement étendue d'eau distillée s'il y a lieu [1]. On attend un ou deux jours en agitant le flacon de temps en temps, par exemple toutes les 2 heures pendant le jour ; au bout de 12 heures environ, on peut déjà constater qu'il se produit un dégagement gazeux dans l'éprouvette graduée [2]. Lorsque le dégagement gazeux cesse (ce que l'on peut observer en suivant le niveau de la petite colonne d'eau dans le tube à dégagement), on lit le volume V du gaz dans l'éprouvette graduée, en suivant les précautions habituelles et on observe au même moment la hauteur du baromètre et la température de l'eau de la cuve. Voici comment on calcule le poids de sucre renfermé dans la prise d'urine soumise à la fermentation : On fait la somme du volume V du gaz obtenu dans l'éprouvette graduée et du volume v du liquide fermenté: soit $(V + v)$ en centimètres cubes. On convertit, à l'aide de la table, le volume total $V + v$ en acide carbonique sec à zéro degré et sous la pression 760. Le volume d'acide carbonique sec ainsi obtenu, étant divisé par 2,3, donne le poids du glucose en centigrammes renfermé dans la prise d'essai ; on passe ensuite au litre. Exemple : 20 centimètres cubes d'urine bouillie et filtrée ont donné un dégagement gazeux de 62 centim. cubes à la pression 762 et à la température 12 degrés (température de l'eau de la cuve au moment de la mesure). La somme des volumes du liquide fermenté et du gaz obtenu dans l'éprouvette est de : $62 + 20 = 82$ cent. cubes.

Dans la table on trouve que 1 cent. cube de gaz saturé de vapeur d'eau à la pression de 762 et à 12 degrés (point de rencontre de la ligne horizontale 762 et de la ligne verticale 12) correspond à 0cc,947 d'acide carbonique sec à

---

[1] Si l'urine est très riche en sucre, on l'étend avec une quantité d'eau bouillie et filtrée telle que les 20 ou 30 centimètres cubes d'urine soumise à la fermentation renferme environ 0 gramme 4 de glucose. Cette dilution se fait seulement pour les urines renfermant par litre un poids de glucose supérieur à 40 grammes environ. On peut être fixé approximativement sur la teneur en glucose en appliquant la règle de Bouchardat : à cet effet, on détermine la densité de l'urine filtrée, comme il a été dit page 111 ; on multiplie par 2 le nombre formé par les centièmes et millièmes ; le produit obtenu est multiplié par le nombre de litres d'urine émis dans les 24 heures. Du produit obtenu, on retranche 50 (60 s'il y a polyurie) et la différence représente en grammes le poids du glucose contenu dans un litre d'urine.

EXEMPLE : Densité de l'urine 1030 ; volume d'urine par 24 heures 3 litres 5. Le poids approximatif du sucre sera par litre d'urine : $30 \times 2 \times 3,5 - 60 = 150$ grammes. Par conséquent, dans le cas présent, on ajoutera à 10 centim. cubes d'urine 50 centim. cubes d'eau ; 20 centim. cubes de cette dilution renfermeront environ 0 gramme 50 de sucre et seront soumis à la fermentation.

[2] Le dégagement peut se faire sur la cuve à mercure : nos expériences personnelles nous ont montré qu'en opérant dans les conditions précédentes, sur la petite cuve à eau qui fait partie de notre appareil, on obtenait un déplacement d'air égal au dégagement d'acide carbonique ; nous indiquons plus loin quelques-unes des expériences concluantes qui nous ont permis de constater qu'il n'y avait aucune absorption d'acide carbonique par l'eau de la cuve.

zéro degré, sous la pression 760 ; donc, 82 c. c. correspondent à un volume de : $0^{cc},947 \times 82 = 77^{cc},65$. En divisant 77,65 par 2,3, on obtient le nombre 33,76 qui exprime le poids du glucose en centigrammes contenu dans 20 centimètres cubes d'urine ; par suite un litre d'urine, c'est-à-dire 1000 centimètres cubes, renferme 0 gr. 3376 $\times$ 50 = 16 gr. 88 de sucre.

Nota. — Lorsqu'il n'y a pas de glucose en assez grande quantité pour produire un dégagement gazeux sensible dans l'éprouvette graduée, on ajoute 0 gram. 2 ou 0 gr. 4 de glucose pur dans 20 centimètres cubes d'urine ; on opère ensuite comme précédemment et on déduit le poids de glucose ajouté. Nous conseillons l'emploi du glucose pur mamelonné non desséché ; ce glucose renferme une molécule d'eau ; par conséquent, 1 gramme renferme 0 gr. 909 de glucose pur anhydre.

Cas particulier. Urine riche en matières azotées (albumine, etc). — Au contact d'un excès de substances azotées, le glucose subit la fermentation lactique, puis la fermentation butyrique (surtout à la température de 35 degrés et au dessus) il y a alors formation d'acides lactique, butyrique et acétiqr. Avant de faire fermenter le glucose, on peut effectuer la défécation de l'u .ie par le sous-acétate de plomb. A cet effet, on mesure 25 à 30 centim. cubes d'urine ; on les verse dans un petit ballon ; on y ajoute quelques gouttes d'acide acétique ; on porte à l'ébullition pour coaguler l'albumine et on ajoute 5 centimètres cubes de sous-acétate de plomb ; on agite énergiquement et on laisse reposer une heure en fermant le ballon et en laissant refroidir; on ajoute un peu de sulfate de soude pour enlever l'excès de plomb, et on filtre; la liqueur filtrée est ensuite mise en fermentation comme précédemment.

Résultats généraux. — Le passage du sucre dans l'urine est appelé *glycosurie* ; si ce passage est de longue durée, il constitue le *diabète sucré.*

D'après quelques auteurs, le sucre existe en petite quantité dans l'urine normale, mais jamais en quantité notable ; ce fait a été mis en doute. Souvent l'urine, émise après des repas copieux et surtout après une alimentation fortement sucrée, renferme du sucre ; il faut donc e: miner l'urine de 24 heures pendant plusieurs jours. La présence du sucre peut être passagère ; on en a signalé de faibles quantités dans l'urine d'individus atteints de bronchite, d'asthme ou de phthisie, ou à la suite de troubles nerveux, respiratoires et digestifs ou d'empoisonnements par l'oxyde de carbone, l'arsenic ou le curare. Souvent, le sucre accompagne l'albumine ; et d'après M. Bouchard, un tiers des diabétiques est albuminurique et l'albuminurie s'observe de préférence chez les diabétiques qui ont peu de sucre et d'urée ; enfin, l'albumine est plus fréquente lorsque le diabète est plus ancien.

Expériences montrant l'exactitude du procédé. — Parmi de nombreuses expériences concluantes, nous citerons les suivantes que nous avons faites en même temps, dans les mêmes conditions de température et de pression.

1re expérience. — Fermentation du glucose pur à une molécule d'eau dans l'urine normale (exempte de sucre). — Nous avons ajouté 0 gramme 4 de glucose pur dans 20 cent. cubes d'urine normale, chauffée à l'ébullition, refroidie et filtrée. La fermentation a donné un dégagement gazeux qui, mesuré dans l'éprouvette, a été de $68^{cc},5$ sous la pression 762. En ajoutant ce volume à celui du liquide fermenté, on obtient : 68,5 + 20 = $88^{cc},5$; ce volume correspond à 0,947 $\times$ 88,5 = $83^{cc},81$ d'acide carbonique sec à zéro degré, sous la pression 760 (voir table). Le glucose renfermant 1 molécule d'eau, le poids 0 gr. 4 contient 36 centigrammes 363 de glucose pur anhydre. En divisant 83,81 par 36,363 on obtient 2,305.

2ª expérience. — Fermentation de 0 gram. 4 de glucose pur dans l'urine normale en présence d'une levûre pure sélectionnée (levûre Romanée

Jacquemin). 20 cent. cubes d'urine ont produit un dégagement gazeux de 69 cent. cubes sous la pression 762 ; la somme des volumes du gaz et du liquide est de : $69 + 20 = 89^{cc}$, correspondant à : $0,947 \times 89 = 84^{cc}28$ d'acide carbonique sec ; en divisant 84,28 par 36,363 sn obtient 2,317.

3e expérience. — Fermentation de 0 gr. 4 de glucose pur dans l'eau en présence d'un peu de levûre de bière et d'acide tartrique.

On a obtenu un dégagement de 68 c. c. à 12° sous la pression 762. En ajoutant le volume du liquide, il vient : $68 + 20 = 88^{cc}$ qui correspondent à : $0,947 \times 88 = 83^{cc},336$ à zéro degré, sous la pression 760. En divisant 83,336 par 36,363, on obtient 2,292.

4e expérience. — Fermentation de 0 gr. 4 de glucose pur dans l'eau en présence d'acide tartrique et de levûre sélectionnée. Mêmes résultats que dans la 1re expérience.

Règle. — **En résumé,** on peut dire qu'un centigramme de glucose pur anhydre donne par fermentation un volume d'acide carbonique variant entre 2 cent. cubes 2 et 2^{cc}, 4, en supposant que la liqueur qui fermente absorbe son volume d'acide carbonique saturé de vapeur d'eau. En réalité, le volume d'acide carbonique absorbé par chaque liquide qui fermente dans les conditions précédentes, est un peu plus faible ; toutefois, en pratique, pour compenser la perte due à la formation de produits secondaires (alcools supérieurs, acide succinique, etc.), on pourra admettre que le liquide fermenté a absorbé son volume d'acide carbonique. Par suite, pour obtenir le poids du glucose renfermé dans une liqueur, on évaluera le volume d'acide carbonique produit par la fermentation, en ajoutant au volume recueilli, le volume du liquide fermenté. Le volume total sera ramené à zéro degré et sous la pression 760 (gaz sec). En divisant ce nouveau volume par 2,3, on aura le nombre de centigrammes de glucose (ou sucre de raisin) renfermé dans la prise d'essai du liquide sucré.

TABLE DES MATIÈRES

——————>⚔<——————

ENGRAIS

Analyse des engrais phosphatés

Analyse des boissons fermentées

Vinaigres — Analyse

Analyse du lait

Analyse des urines

TABLEAU donnant les volumes d'air sec à zéro degré et sous la pression 760 qui correspondent à 100 centimètres cubes d'air saturé de vapeur d'eau aux pressions et températures ordinaires (TRUBERT). *Exemple :* 100 cent. cubes d'air saturé de vapeur d'eau à 12 degrés et sous la pression 764 correspondent à 94cc97 d'air ou d'azote secs à 0° et sous la pression 760. Pour l'acide carbonique, on ne prendra que les trois premiers chiffres.

PRESSIONS	TEMPÉRATURES EN DEGRÉS CENTIGRADES																				
---	5	6	7	8	9	10	11	12	13	14	15	16	17	18	19	20	21	22	23	24	25
720	92.18	91.80	91.40	91.01	90.62	90.22	89.94	89.43	89 02	88.62	88.21	87.80	87.39	86.97	86.55	86.12	85.70	85.27	84.81	84.39	83.94
2	92.44	92.05	91.66	91.26	90.88	90.48	90.20	89.68	89.28	88.87	88.46	88.05	87.63	87.22	86.80	86.37	85.94	85.51	85.08	84.63	84.18
4	92.70	92.31	91.92	91.52	91.13	90.73	90.45	89.93	89.53	89.12	88.71	88.30	87.88	87.47	87.04	86.61	86.18	85.76	85.32	84.88	84.42
6	92.96	92.57	92.17	91.77	91.38	90.90	90.70	90.18	89.78	89.37	88.95	88.55	88.13	87.71	87.29	86.86	86.43	86.00	85.56	85.12	84.66
8	93.22	92.82	92.43	92.03	91.64	91.24	90.96	90.43	90.03	89.62	80.20	88.79	88.38	87.96	87.54	87.10	86.43	86.24	85.81	85.36	84.90
730	93.48	93.08	92.69	92.29	91.89	91 40	91.21	00.69	90.28	80.87	80.45	89.04	88.62	88.21	87.78	87.35	86.92	86.49	86.05	85.60	85.14
2	93.73	93.34	92.94	92.54	92.15	91.75	91.46	90.94	90.53	90.12	80.70	89.29	88.87	88.46	88.03	87.59	87.16	86.73	86.29	85.84	85.39
4	93.99	93.60	93.20	92.80	92.40	92.00	91.71	91.19	90.78	90 37	89.95	89.54	89.12	88.70	88.27	87.84	87.40	86.97	86.53	86.08	85.63
6	94.25	93 85	93.46	93.05	92.66	92.25	91.97	91.44	91.03	90.62	90.20	89.79	89.37	88.95	88.52	88.08	87.65	87.22	86.78	86.33	85.87
8	94.51	94.11	93.71	93.31	92.91	92.51	92.22	91.69	91.20	90.87	90.45	90.04	89.62	89.20	88.77	88.33	87.89	87.46	87.02	86.57	86.11
740	94.77	94.37	93.97	93.56	93.17	92.76	92.47	91.95	91.54	91.12	93.70	90.29	89.86	89.44	89.01	88.57	88.14	87.70	87.26	86.81	86.35
2	95.03	94.03	94.22	93.82	93.42	93.02	92.73	92.20	91.79	91.37	90.95	90.53	90.11	89.60	89.26	88.82	88.38	87.95	87.50	87.05	86.59
4	95.29	91.88	94.48	94.08	93.68	93.27	92.98	92.45	92.04	91.62	01.20	90.78	90.36	89.94	89.50	89.06	88.63	88.19	87.75	87.29	86.83
6	95.54	95.14	94.74	94.33	93.93	93.52	93.23	92.70	92.29	91.87	91.45	91.03	90.61	90.18	89.75	89.31	88.87	88.43	87.99	87.54	87.07
8	95.80	95.40	94 99	94.50	94.10	93.78	93.49	92.06	92.54	92.12	91.70	91.28	90.85	90.43	00.00	89.55	89.11	88.68	88.23	87.78	87.31
750	96.06	95.66	95.25	94.84	94.44	94.03	93.74	93.21	92.79	92.37	91.95	91.53	91.10	90.68	90.24	89.80	89.36	88.92	88.48	88.02	87.55
2	96.32	95.91	95.51	95.10	94.70	94.20	93.99	93.46	93.04	92.62	92.20	01.78	91.35	90.92	90.49	90.04	89.60	89.16	88.72	88.26	87.80
4	96.58	96.17	95.76	95.35	94.95	94.54	94.24	93.71	93.29	92.87	02.45	92.03	91.60	91.17	90.73	90.29	80.85	89.41	88.96	88.50	88.04
6	96.84	96.43	96.02	95.61	95.21	94.79	94.50	93.96	93.55	03.12	92.70	92.28	91.84	91.42	90.98	90.53	90.09	89.65	89.20	88.74	88.28
8	97.09	96.69	96.28	95.87	95.46	95.05	94.75	94.22	93.80	93.37	92.94	92.52	92.00	91.66	91.23	00.78	90.31	89.89	89.45	88 99	88.52
760	97.35	96.94	96.53	96.12	95.72	95.30	95.00	94.47	94.05	93.62	93.19	92.77	93.34	91.91	91.47	91.03	90.58	90.14	89.69	89.23	88.76
2	97.61	97.20	96.79	96.38	95.97	95.55	95.26	94.72	94.30	93.87	93.44	93.02	92.59	92.16	91.72	91.27	90.82	90.38	89.93	89.47	89.00
4	97.87	97.46	97.05	96.63	96.23	95.81	95.51	94.97	94.55	94.12	93.69	93.27	92.83	92.40	91.96	91.52	91.07	90.63	90.17	89.71	89.24
6	98.13	97.72	97.30	96.89	96.48	96.06	95.76	95.22	94.80	94.37	93.94	93.52	93.05	92.65	92.21	91.76	91.31	90.87	90.42	89.95	89.48
8	98.39	97.97	97.56	97.14	96.74	96.32	96.01	95.48	95.05	94.62	94.19	93.77	93.33	92.90	92.46	92.01	91.56	91.11	90.66	90 20	89.72
770	98.65	98 23	97.82	97.40	96.99	96.57	96.27	95.73	95.30	94.87	91.44	94.02	93.58	93.14	92.70	92.25	91.80	91.36	90.90	90.44	89.96

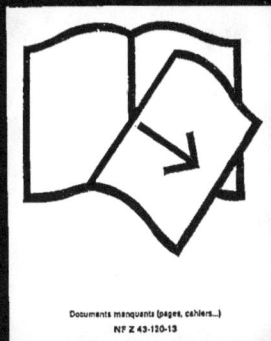

Documents manquants (pages, cahiers...)
NF Z 43-120-13